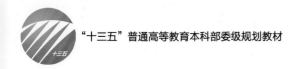"十三五"普通高等教育本科部委级规划教材

服装表演概论（第2版）

肖 彬　张 舰　主编

中国纺织出版社有限公司

内 容 提 要

本书以服装表演专业的综合理论和全方位技能培训为切入点，系统介绍了服装模特和服装表演的概念；详细阐述了服装模特的基本培训项目——形体训练、舞蹈训练、音乐基础、形象塑造、心理素质、参赛指导及模特的经纪与管理等课程；具体讲解了服装表演的策划与制作——策划与编导、舞美设计、管理与执行；最后重点拓展了服装表演的传播与推广的新颖理论。

本书结合了北京服装学院表演专业教师积累多年的教学与实践经验，并收集、吸纳了大量国内外相关资料，注重科学性和规律性，在加强对学生专业能力与技巧培养的同时，更加强调教学效果的实操性和市场性，构建了服装表演专业科学、规范、系统的教学体系。

本书适合于高等教育类、高职高专类服装设计专业、服装表演专业、时尚传播专业等师生使用，也可供艺术设计院校的师生参考。

图书在版编目（CIP）数据

服装表演概论 / 肖彬，张舰主编 . --2 版 . -- 北京：
中国纺织出版社有限公司，2020.1
"十三五"普通高等教育本科部委级规划教材
ISBN 978-7-5180-6561-5

Ⅰ . ①服… Ⅱ . ①肖… ②张… Ⅲ . ①服装表演—高
等学校—教材 Ⅳ . ① TS942

中国版本图书馆 CIP 数据核字（2019）第 185431 号

策划编辑：孙成成　　责任编辑：杨　勇
责任校对：王蕙莹　　责任印制：王艳丽

中国纺织出版社有限公司出版发行
地址：北京市朝阳区百子湾东里 A407 号楼　邮政编码：100124
销售电话：010 — 67004422　传真：010 — 87155801
http://www.c-textilep.com
中国纺织出版社天猫旗舰店
官方微博 http://weibo.com/2119887771
北京华联印刷有限公司印刷　各地新华书店经销
2010 年 8 月第 1 版　2020 年 1 月第 2 版第 1 次印刷
开本：787×1092　1/16　印张：10.5
字数：311 千字　定价：69.80 元

每个国家、每座城市都有着专属自身的政治、经济、科技、文化、艺术的背景、特质和积淀，由此催生的时尚文化及其表象形态也就各具不同。以业界影响深远的"国际四大时装周"的历史发展为例，1910年由"时装之父"沃斯的孙子创立的巴黎时装周已超过了百年历史，即使是最晚创办的伦敦时装周至今也已有了30余年。经历如此漫长的发展和演变，"国际四大时装周"已经成为全球时尚领域的风向标，它们呈现的规模、精准定位与成熟的产业链模式都为世界各地，尤其是中国近年来不断涌现的以城市或高等院校命名的时装周树立了行业标杆。而中国凭借着经济的高速发展、市场的庞大与繁荣的显著优势，近年来已经发展成为全球时尚行业的重要新兴力量，各种名目繁多的时装周和服装品牌新品或趋势发布会等应运而生，其创办初衷和呈现形式无不展现出一派勃勃生机。只是由于中国时尚行业尚且年轻，并与发达国家文化艺术、市场根基等也不尽相同，所以在诸多方面既存在各种问题，又有更大的发展空间和逐渐完善的可能性，可谓"挑战与机会并存"。

现如今，为了使时装发布会能够产生更多的市场收益和传播效应，品牌方逐渐地将传统发布会仅在呈现形式上进行的发力，演变到将其作为营销和公关手段的承载方式或传播媒介。例如，秀场上呈现出的高新科技、新材料，以及其他艺术形式的植入等都使得T台的舞美形态以及模特表演方式越加多元化。与此同时，社交互动为主流的智能科技、融媒体思维的不断刷新，以及新形式的跨界活动，都使得当今时装发布会成为了颇具观赏价值的视觉盛宴，并通过实时传播到世界各地，被不同领域的人士所了解，由此也充分发挥了巨大的推广宣传作用。

就国内模特行业而言，从20世纪80年代中国第一批模特的出现，到90年代中后期中国模特业发展初见端倪，尽管国内模特无论从数量还是质量上都已成规模，但社会与市场却对模特的职业化与规范化有着更为强烈的要求。1996年，劳动部和中国纺织总会联合颁布《服装模特职业技能标准（试行）》（纺人［1996］17号），服装模特作为一种职业被国家正式承认。1992年第一家模特公司（新丝路模特经纪公司）成立后，随着国内模特市场不断扩大，国内一些大城市开始出现了不同性质、不同类别的模特公司。随着相关职能部门将模特这一行业逐步规范化，人们开始正视模特这一职业，同时由于中国时尚产业的快速发展和时尚大众化的诉求推进，模特概念的内涵和外延的再界定、社会影响力的日益扩充、市场需求的广泛辐射等都在不断地刷新着模特行业的传统认知。以往的模特标准认定，在新形势下逐渐具有了更多的包容性和实效性，如明星艺人、网络红人、意见领袖、老人儿童等都能够与职业模特一起成为时装品牌的传播介质。

时尚传播是时尚产业链中必不可少的一个环节。一场成功的服装表演，T台之上有如冰山的一角，海面之下才是冰山的主体部分。从策划创意到组织执行，从秀场接待到媒体发稿，当我们以一种更为宏观的视角来看

待服装表演，它不只是一场演出，更是一次公关活动，一场传播战役。所以说，时尚传播本质上是一种精神活动。时尚信息的发源地和权威性的发布依旧左右着这个互联网时代下的时尚领域或者产业。时装发布会作为其文化传播的一种艺术媒介和呈现形式，始终在世界各地的时尚文化传播体系中拥有举足轻重的地位。

尽管，中国服装表演专业创建于20世纪的90年代，但是时至21世纪初，国内模特行业和服装表演专业领域对于理论研究与实践探讨几乎处于"空白"状态，有关服装表演专业论著，尤其是既能够作为高等院校服装表演专业教学的教材，又能被专业教师、学生作为教材或专业学习参考的书籍仍然较少。为此，为了推进中国服装表演专业教育、培训、管理的规范化和专业化的进程，作为此书主编，我们经过深入研究国内外时装表演的历史及其发展规律，结合自身的理论和实践的经验积累，共同制订了写作大纲，并组织多位市场经验丰富和从事于服装表演教育的教师专家参与了写作工作，最终于2010年出版了《服装表演概论》。

现在，中国的时尚产业发展空间、市场规模、行业规范、人才需求产生了很大变化。仅以国际秀场而论，场景式或戏剧化的舞美设计、造型艺术的跨界合作、多样化的舞台造型和材质使用、高新技术的视听效果、模特选择多样性呈现等，以及时尚传播的融媒体发展和快速更迭，无不为时装发布会打造着更具传播价值的时尚头条。为了适应模特行业、服装表演教学和实践的学习及应用的需要，我们在《服装表演概论》的基础上进行部分修订，作为编撰者，我们由衷地期望《服装表演概论》（第2版）能够成为国内致力于服装表演专业学习、实践和工作的学生、同仁们的良师益友。

在此，衷心感谢与我们一同策划、撰写、编辑的作者们和朋友们。

此外，本书在阐述一些观念、方法和原理之时，因受专业视野、学术能力等因素的制约，难免挂一漏万，甚至是存在有待推敲之处，在此也恳请专家和读者指正。总之，作为本书主编，我们希望通过该书的出版抛砖引玉，并发挥引领、规范中国服装表演出版物的导向性作用。

最后，在出版《服装表演概论》（第2版）一书之际，对为此书顺利出版予以了大力支持的中国纺织出版社有限公司领导、编辑，以及对本书出版提出许多宝贵建议的同行、师长等一并表示由衷感谢。

本书的图例部分除主要采用了笔者自己拍摄的资料外，还从同行以及国内外有关书刊、网站等中精选了部分作品。不过，鉴于与有些作者或版权机构不能够取得直接联系，存在着署名差错或者稿酬未付等问题，在此深表歉意。同时，也希望这些作者能够通过出版社与笔者联系，本人将按照与出版社签订的稿酬合同及时支付。

肖彬

2019 年 7 月于北京

目录

第一部分｜关于服装模特

第一章　模特的基本概念

第一节　模特的定义

　　"模特"一词是个外来语，来源于英文的 Model，这个词可以作为名词，同时也可以作为形容词和动词使用。我们中文通常说的"模特"一词，一般是以名词的属性来使用的，直译的意思就是典范、模型，把这样的词义作为一个职业来定义，可以看出"模特"这个职业的特点。

　　18 世纪中期，英国人沃斯（Worth）为了更好地招揽生意，一时突想地让服装店的女员工玛莉（Mary）把服装穿上给客人看，获得了生意上的成功，从此逐步诞生了以穿着服装来展示为主要工作的职业——时装模特。随着世界经济的发展和社会的变革，时装模特这个职业也随之有了自己特定的分类、工作流程和市场机制，逐步成为时尚产业和广告产业中一个不可缺少的群体和职业。

　　如果说一位演员的功能是利用语言、表情和肢体形态来表现作者在剧本中所塑造角色的现实表现，而时装模特的功能则是通过肢体语言和表情对设计师的时装作品的展示，是对时装作品的动态表达和再创作。因此，时装模特的任何肢体动作和表情设定以及任何技巧的应用都是为时装作品而服务的。

　　时装模特基本的功能是能够激发消费欲望并引导时尚消费的审美载体。时装模特是在消费主义逻辑下产生的在时尚发布活动中展示设计师或品牌最新发布时装产品，并以激发消费欲望和引导时尚消费为目标的审美载体。具有诠释时装和驾驭时尚的能力。时装模特本身也是时尚的制造者和传播者。

　　在消费资本和时尚媒体的合力推动之下，将浪漫、时尚、高雅、幸福、品位、个性、成功等美好意象，与时装以及身体资源富足的时装模特之间建立起一种创造性的联系，使时装模特成为了美好情感、生活价值和时尚文化的展现者。这种美好物质的展示，为大众潜意识中追求享受和地位的欲望提供了可能，完成了罗兰·巴特（Roland Barthes）所说的以时装模特为载体的产品能指与所指的全新结合，诱发了人们的购买欲望。

第二节　服装模特的从业属性

　　时装模特与演员和歌手不同，其工作性质不属于意识形态和为百姓服务的娱乐范畴，从它诞生的开始就注入了强烈的商业色彩，是为产品的推销而服务、为设计师的作品而服务。因此模特的功能是从属于产品表达的需求，没有这种需求，就不存在模特职业。

　　随着社会经济的发展，模特的服务对象和功能已经有了很大的发展和演变，模特的概念也已经不单一是为展示时装作品而工作，这个职业已经成为了以自己个人的形象、表演、展示、拍摄和传播而服务于时装、广告和社会媒体的群体。

　　模特根据不同的功能使用，有着不同的类别和分工。

一、从模特的服务功能来分类

（一）时装模特（Runway Model）

　　以T台走秀为主要工作的模特，身高要求177~182cm。

　　由于观众可以在现场观察到模特从头到脚的全身视觉体验，在挑选时装模特是要考虑到模特在T台上与观众之间的"视觉差"，标准的时装模特在身材比例上和身材结构上比正常人要有所"夸张"，在"硬件"方面，通常要考虑到头、脸、颈、身体比例、手型、腿长、臂长和皮肤等因素，包括：

- 身材比例匀称。
- 臀部没有下垂。
- 没有赘肉（尤其是腰部）。
- 肌肉无松弛。
- 头小＋脸小。
- 脖子比正常人稍长。
- 脸部有线条轮廓。
- 具有"骨感"。
- 皮肤健康、没有疤痕、胎记和文身。
- 非过敏性皮肤（对棉毛丝麻以及化纤类面料和正常化妆品的过敏反应）。
- 鞋码在38~41。

就像音乐人的"乐感"，舞蹈演员肢体的"韵律感"一样，时装模特要有"衣着感"。所谓"衣着感"就是指模特在穿着衣服后的整体感觉。我们平时说某人穿什么衣服都好看，就是指这个人的"衣着感"比较好，是个好的"衣架子"。一位"衣着感"好的模特可以很容易融于时装作品，可以轻松地表现出时装作品的内涵和韵律。另外，"衣着感"好的模特对于服装的尺寸也会有较好的兼容性，也就是说，即便服装的尺码并不一定非常适合这位模特，但由于这位模特良好的"衣着感"而使服装穿在这位模特身上也不会有过于明显的问题。随着模特经验的不断丰富和提高，其"衣着感"也会不断提高。"衣着感"有先天的因素，也有后天培养的因素。

由于时装模特的国际化程度比较高，除了身高以外，90cm 以下的臀围是各时装设计师对时装模特的一个约定俗成的硬指标。

（二）商用模特（Commercial Model）

商用模特一般指以广告拍摄为主要工作的模特，对身高没有绝对的限制。由于商业模特可以通过镜头的变换来截取模特最具有特点的部分，因此，对模特身材要求没有时装模特那样高。但也由于模特主要在镜头前工作，因此，要求商用模特具备很好的表演能力和镜头前的表现能力。

随着我国市场的需求，涌现出一批特殊领域的模特的品类，比如，汽车模特、房产模特、网拍模特等，这些都可以归纳为商用模特的范畴。商用模特需要比较强的专业常识，比如，汽车模特要了解更多的汽车常识，网拍模特更了解服装的搭配和穿着方式，他们不仅仅是模特，同时还是很好的产品推销者。

最近流行的网红模特也属于商用模特范畴，他们不仅需要用肢体语言来展示产品的特点，在语言表达、智慧表达以及对网民的亲和力方面也比一般的模特有更高要求。

二、从模特工作的细分来分类

（一）内衣模特（Lingerie Model）

内衣模特是模特中比较特殊的类别，由于展示内衣需要模特身体大面积暴露，因此对模特身材、皮肤和围度的要求非常苛刻，也就是说内衣模特应该是身材最完美的模特。

对内衣模特的要求：

（1）全身无赘肉。

（2）皮肤健康、有光泽、无疤痕和胎记。

（3）臀部丰满、上翘、臀围不超过 90cm。

（4）适合 75B 的胸罩。

（二）试衣模特（Fitting Model）

试衣模特属于非表演类模特，主要与设计师（打板师）在打板房一起工作。

一般的试衣模特是以服装号码为基础的，比如，8 号模特，表示模特的体形适合 8 号服装的尺码（包括身高、围度和长度等）。试衣模特应该对服装裁剪和工艺具备一定的常识，能够在试穿过程中对服装的裁剪、板型和工艺提出合理化建议，为服装工艺师提供参考意见。在国外，试衣模特工作非常频繁，模特以小时为工作计时，很多服装公司都有相对稳定的试衣模特。虽然国内目前对试衣模特的使用还没有那么普及，但随着服装工业的发展，会有更多的设计师和工艺师聘请试衣模特帮助他们完成服装样板的制作和设计。

（三）"部件"模特（Parts Model）

由于一些产品广告拍摄，只需要人体某一个部位或者部分作为拍摄载体，因此出现了一些为广告商提供"部件"拍摄的模特，其中包括：

- 手模特。
- 腿模特。
- 嘴模特。
- 耳朵模特。
- 腰、臀模特。

这些模特不一定要求完美的体态和形象，但是具备完美的"部件"。

第二章　服装模特的形体塑造

第一节　服装模特的形体标准及测量方法

一、服装模特的形体标准

（一）服装模特形体标准的演变和趋势

时尚是个轮回之道，不仅仅体现在设计师的服装流行趋势上，模特的身材也有着流行的轮回轨迹，下面就让我们一起来看看从古至今，服装模特的身材流行趋势的演变过程。

1910年代——吉布森少女（Gilbson Girl）：修长的颈部、细腰肥臀，头发多是盘发或者高高耸起，紧身胸衣是那个时代女孩身材的流行元素。

1920年代——平板女孩（Flapper Girl）：平胸窄臀的骨感美是当时的流行特点。露肩衬衫、吊袜带、及膝裙，这些都能让女性显得既骨感又性感，比如电影《了不起的盖茨比》里面的黛西，就充分地诠释了那个时代的流行身材。

1930年代——女性身体的曲线美：被重新定义为当下的潮流。在那个时期的人们更加喜欢丰满圆润的自然、流畅的体形，而不是刻意的细腰或者"皮包骨"的苗条。例如，朵乐丝·德里奥（Dolores del Rio），丰满圆润的身材是那个时代最受欢迎，也是男士们最爱的类型。

1940年代——荧幕女王（Screen Queen）：受第二次世界大战影响，妇女们被迫当工人，所以当时的女性形象是宽阔的肩膀、高大的身材及修长的四肢。比较倾向于修长骨感的类型，胸部以较突出坚挺为特点。

1950年代——曲线女孩（The Curves）：体态丰满的女性化身材再次成为主流，细腰肥臀宛如一个沙漏一般，性感丰满。例如，玛丽莲·梦露和伊丽莎白·泰勒的"沙漏身材"就是当时最具身材特点的女明星。

1960年代——小号女孩（The Petite）：这个时代开始慢慢走入诡异的审美，"骨感美"的风潮被再次掀起。

1980年代——健美操兴起的时期：既要肉感又要动感，服装模特露出的双臂不仅要有肌肉线条，还要展现健康的小麦肤色。国际超模辛迪·克劳馥（Cindy Crawford）就代表了这个时代的理想体形——高挑、健美、苗条但不失曲线美。

1990年代——病态女孩（The Waif）：时尚突然转向，将60年代的诡异审美继续演变成"病态审美"，身材娇小、中性、颓废、皮包骨成为当时的流行趋势。在当时的美国，画报上的模特大多以骨感、消瘦为美，搭配着摇滚范儿，与国内的部分非主流有些类型。

到了21世纪，对于模特身材的审美再次发生了质的改变，人们不再以骨瘦如柴为美，服装模特也不再追求"纸片人"的病态身材。这个时代开始将眼光转向了健康、阳光为基础，呈现的另一种性感叫"力量美"。以紧致、有弹性的翘臀为特点，以"美臀"的展现视为现在流行的元素，因为有质感的臀部是女性身材曲线的最大特点。正如每年的维密大秀，"蜜桃臀"就是大家最关注维密超模的热点之一。

由此可见，流行趋势瞬息万变，从古至今，服装模特的身材流行趋势，由大到小，由宽到窄，由胖到瘦，一次又一次地被轮回着。而当今的时代，虽然服装模特的身材在大家的心目中仍然以"瘦"为王道，但对于"瘦"的定义却早已不同，人们不再追求以消瘦、病态瘦为美，不再以"纸片人"为标志，而是努力健身、让身材看起来健康为基础，追求紧致的肌肉线条美才是当今最大的流行元素。

模特的形体美主要体现在骨骼比例、肌肉形态、头身比例、上下身差、肩宽、三围（胸、腰、臀）等方面。具体要求为：人体骨骼发育正常、无畸形、身体各部位比例均称。头身比例最好能达到1：8，即身长为8个头身。两臂侧平举伸展之长与身高值相近。腰围与胸围、腰围与臀围的比例以接近黄金分割率为最佳。颈部修长灵活，双肩对称；男模特胸肌圆隆有形，女模特乳房丰满坚挺；腰部紧致而有力，臀部上翘不下坠；大小腿修长且腓肠肌位置高。男模特强调肌肉线条及力量感，整体体形呈倒梯形为最佳。女模特同样强调紧致的肌肉线条，瘦且紧致，整体体形呈S曲线形为最佳。

目前，国际时装女模特的标准，平均身高是1.78~1.80cm。

女模特的三围标准：胸围 84~90cm，腰围 60~63cm，臀围 86~90cm，体重在 50~60kg。BMI 身体指数在 15~18。

国际时装男模特的标准，平均身高一般在 1.85~1.90cm。

男模特的三围标准：胸围 95~100cm，腰围 73~78cm，臀围 93~97cm，体重在 70~80kg。BMI 身体指数在 20~22。

（二）形体特征的国际标准

根据以上服装模特的身材标准为基础，西方模特更多的是追求于肌肉的线条和身体围度的比例。一般国际标准的惯例是胸围与臀围的尺寸越接近越好，俗称"沙漏体形"。例如，拥有黄金三围比例的国际顶级超模——被称为"黑珍珠"的纳奥米·坎贝尔（Naomi Campell），三围比例为 90：60：90。同时还拥有紧致迷人的马甲线，这些都离不开平时点滴的训练积累。而对于肤色，在国际时装舞台上，并没有"一白遮百丑"的概念，大众的关注目光也更多的是关注在服装模特的身体曲线美和围度的比例上。丰满的蜜桃臀搭配与之臀围相匹配的大腿围，而并非"铅笔腿"。丰满坚挺的胸部搭配宽肩细腰，紧致的手臂线条，在突出性感的同时，也体现了另一种"力量美"。国际男模特更是对身材线条有严苛的要求，不仅要求肌肉线条的分离度，同时还要求一定的围度，国际男模的审美更多的是注重在整体感觉充满雄性荷尔蒙的特性，强壮、有型、力量、穿衣有型、脱衣有肉这些都是他们的代表词。例如，国际顶级超模大卫·甘迪（David Gandy），BMI 在 22 左右的运动员体魄，强壮而有形的身材深受各大品牌的青睐，且一直通过健身保持着身材最好的状态，因而模特对于他来说，早已不是什么"青春饭"，而是引领时尚潮流的榜样。

（三）形体特征的中国标准

对于东方模特来说，身体的骨骼比例会比西方模特的要偏小，其原因是自古以来东方国家大多是以农耕为生，而西方国家大多以狩猎为生，人们的身体骨架会根据日常生活所需的行为而有所改变，同时对于身材的审美也会大有不同。虽然亚洲模特的胸围和臀围并没有西方模特的围度大，但也有接近国际审美标准的沙漏体形之称，被称为"细沙漏"。但同时对于其他部位的审美与国际审美的标准还是有些许不同，例如，腿部，大腿和小腿的围度越接近越好。对于手臂，东方模特还是以"纤细"为标志，充分体现了以"瘦"为美的观念，肤色以"白"为主。但在近几年，受到国际时尚的引领及影响，国内服装模特的身材标准已经越来越接近国际化标准，大家的眼光也越来越关注身材上的细节，例如"肌肉线条""训练痕迹""马甲线""蜜桃臀"等这些字眼，而并非只有一个"瘦"字来代表着服装模特的身材特点。而国内男模身材的整体感觉是跟着国际流行趋势走的，"年轻、瘦、腹肌清晰为男模身材完美的标志之一"。但是其流行的"瘦"的比例是有不同的，国内男模的消瘦型，体重大多在 60~70kg，BMI 在 20 以下，这种体形的特点是"高、瘦、柴、中性、奶范"。与国际男模的身材标准不同的是，国际审美除了要求瘦以外，还要求身材及各部位肌肉线条的比例，比如，男模在打造体形的时候，不能光盯着胸大肌训练，要注意胸肩比例、肩腰比例、背腰比例等等，不过现在越来越多的模特走向国际舞台，因此审美也会受到国际审美的影响而有所改变，慢慢与国际审美标准拉近距离。

摄影：王进

二、服装模特形体的测量方法

服装模特需定期测试自己的身体成分分析及围度测量，为了更好地保持自己身材的最佳状态。

（一）身高

测量身高时，被测量者需脱鞋，光脚测量其净身高，站在靠墙的位置（或专业测量身高的仪器上），从头顶至脚后跟贴地的位置，站立测量的时候，注意要收腹挺胸，避免含胸驼背、颈前引的姿态出现。

（二）体重

测量时，被测量者需只穿内衣，重心平稳地站在体重秤上测量净重，一般情况早晨的身体水分最低，测量的效果最好，晚上的身体水分会相对偏高，早上与晚上体重测量相差 1kg 左右，属于正常现象。建议服装模特常备体重秤，每天早晨空腹测量净重，也是实时监测身材的方式之一。

（三）体脂率

体脂率是指，人体内的脂肪含量在人总体重中所占的比例，也称为体脂百分数。衡量一位服装模特胖还是瘦，体脂率是一个不能忽视的重要标准。

男模特的体脂率一般控制在 8%~12%，女模特的体脂率一般控制在 15%~20%。以下为大家提供几种体脂率测量的方式并分析其利弊，仅供参考。

1. BMI 法

性别	年龄	偏瘦	标准（健康型）	标准（警戒型）	轻度肥胖	重度肥胖
男性	18~39岁	5%~10%	11%~16%	17%~21%	22%~26%	27%~45%
	40~59岁	5%~11%	12%~17%	18%~22%	23%~27%	28%~45%
	60岁以上	5%~13%	14%~19%	20%~24%	25%~29%	30%~45%
女性	18~39岁	5%~20%	21%~27%	28%~34%	35%~39%	40%~45%
	40~59岁	5%~21%	22%~28%	29%~35%	36%~40%	41%~45%
	60岁以上	5%~22%	23%~29%	30%~36%	37%~41%	42%~45%

这个方法可以说是简单粗暴，四个数值就能测出体脂率，分别是体重、身高、年龄和性别。当然每个人的体质都不一样，因此这个方法的准确性并不是特别高。首先利用

公式测出自己的 BMI 指数〔BMI= 体重 ÷（身高 × 身高）〕，这个指数能在一定程度上衡量自己的体重是胖还是瘦，当然因人而异也不是特别准确，只有再利用 BMI 指数带入下面的公式测出体脂率。公式：体脂率 =1.2×BMI+0.23× 年龄 -5.4-10.8× 性别（男为 1，女为 0）。

2. 腰围体重测量法

（1）女性的身体脂肪公式：

参数 a= 腰围 ×0.74

参数 b= 体重 ×0.082+34.89

身体脂肪总重量 =a-b

体脂率 =（身体脂肪总重量 + 体重）×100%

（2）男性的身体脂肪公式：

参数 a= 腰围 ×0.74

参数 b= 体重 ×0.082+44.74

身体脂肪总重量 =a-b

体脂率 =（身体脂肪总重量 + 体重）×100%

此方法同样因人而异，每个人的身材比例不同，有人的骨骼比例天生腰细，有人的骨骼比例天生腰粗，测出的数值可信度并不高。

3. 肉眼体脂率表比较法

（1）男性：

4%~6% 臀大肌出现横纹（健美运动员最理想的竞技状态）。

7%~9% 服装模特的理想状态，背肌显露，腹肌、腹外斜肌分块更加明显。

10%~12% 服装模特的理想状态，全身各部位脂肪不松弛，肌肉线条分离度清晰，腹肌分块明显。

13%~15% 全身各部位脂肪基本不松弛，腹肌开始显露，分块不明显。

16%~18% 全身各部位脂肪略显松弛，尤其腹部较松弛，腹肌不显露，各部位大肌群线条隐约可见。

19%~21% 腹肌不显露，且全身脂肪较厚，较松弛，腰围通常是 81~85cm。

22%~24% 腹肌不显露，全身脂肪厚，很松弛，腰围通常是 86~90cm。

25%~27% 腹肌不显露，且核心部位脂肪过厚，全身肌肉松弛，腰围通常是 91~95cm。

28%~30% 腹肌不显露，腰围通常是 96~100cm。

31% 以上，体脂含量严重超标，会伴有血脂高、血糖高和高血压的风险，腰围通常是 101cm 以上。

（2）女性：

8%~10% 极少数女运动员达到的竞技状态（会引起闭经、月经紊乱和乳房缩小）。

11%~13% 背肌显露，腹外斜肌分块更加分明（女子健美运动员竞技状态）。

14%~16% 服装模特理想的体形状态，背肌显露，腹肌分块更加明显。

17%~19% 服装模特理想的体形状态，全身各部位脂肪不松弛，肌肉线条明显，腹肌分块明显。

20%~22% 全身各部位脂肪不松弛，腹肌开始显露，隐约可见，分块不分明。

23%~25% 全身各部位脂肪基本不松弛，腹肌不显露。

26%~28% 全身各部位脂肪略显松弛，尤其腰腹部脂肪松弛，腹肌不显露。

29%~31% 腹肌不显露，全身脂肪很松弛，腰围通常是 81~85cm。

32%~34% 腹肌不显露，全身脂肪过于松弛，较肥胖，腰围通常是 86~90cm。

35%~37% 腹肌不显露，过于肥胖，腰围通常是 91~95cm。

38%~40% 腹肌不显露，严重肥胖，腰围通常是 96~100cm。

41% 以上，腹肌不显露，脂肪严重超标，伴有高血脂、高血糖、高血压等三高风险，腰围通常是 101cm 以上。

以上有很多种不同体脂率下人的身体状态是如何的，当然每个人的判断都不一样，所以以上给出的图片通常只是一个大致的范围，因此不能得出大致的数值，但从视觉效果上来看却很直观，而且还能找出自己梦想的身材是多少的体脂率来确定一个目标，因此这个也是相较于前两种比较好的方法。个人也比较推荐，在没有专业测量体脂率的仪器的条件下，可以自行测试的一种方式。因为大众对于体脂率这个数字对应具体什么身材并没有一个明确的概念。

4. 皮脂夹

皮脂夹价格实惠且简单易学，功能类似于实验室的游

标卡尺，尤其适合女孩子们怀疑自己的大腿粗是肌肉腿还是脂肪过厚的问题。

（1）测量部位：

①上臂部：右臂肩峰至桡骨头连线之中点，即肱三头肌肌腹部位。

②背部：右肩胛角下方。

③腹部：右腹部脐旁 1cm。

除上述部位外，根据需要还可以测颈部、胸部、腰部、大腿前、后侧和小腿腓肠肌部位。应当指出：用皮脂夹所测的皮下脂肪厚度是皮肤和皮下脂肪组织双倍的和。

（2）注意事项：

①体脂率每隔一个月进行一次精细的测量为宜。

②所有的体脂测试都在身体右侧进行。

③保证皮肤干燥的情况下进行。

（3）测量方法：

①选取需要测量的部位，例如，腹部、大腿前侧、肱三头肌部位作为测量点。男性需要增加测量胸部，女性需要增加测量腋下。

②稳固的用拇指和其他四指抓住皮肤。拇指及其他四指的位置至少距离被测位置 1cm（0.4 英寸）。

③用拇指和食指大约将皱褶提起 8cm（3 英寸），并且使皱褶线与皮肤长轴垂直。长轴与皮肤织染的乳沟线平行。为提起皱褶，脂肪组织越厚，拇指与其他四指之间分开的越大。

④测量时保持皱褶抬高。

⑤让体脂夹的爪与皱褶垂直，距离拇指和食指 1cm（0.4 英寸）远，慢慢放松体脂夹的压力，力度应以锁扣甘冈滑入为准。

（4）体脂夹的力度：

①压力已经释放之后，过 1~2s（但在 4s 内），记录皮褶的厚度，记录的数据要尽可能的精确，以精确到 0.1mm 为佳。

②在每个地方至少测量 2 次，如果数据变动超过 2mm 或 10%，需要再进行测量。

（四）三围比例（胸、腰、臀）

1. 胸围

自然站立，躯干挺直，不可含胸驼背，两臂自然下垂于身体两侧。皮尺前端放在胸部乳头上缘（女模特放在乳房上），经过两侧腋下，皮尺后端置于肩胛骨下处，测量时保持均匀呼吸，注意吸气时不要耸肩，呼气时不要弯腰。在呼气之末，吸气未开始时，进行测量。

2. 腰围

自然站立，躯干挺直，腹部保持自然收紧的状态，在肚脐上方测量最细部位（经脐部中心的水平围长，或肋最低点与髂脊上缘两水平线间中点线的围长）。注意：每次测量腰部的围度，呼吸都要统一，在呼气之末，吸气未开始时进行测量。

3. 臀围

直立，两腿并拢，皮尺水平环绕小腹下缘，在臀大肌最突出的位置测量臀围。

（五）腰臀比的定义及合格范围

腰臀比是腰围和臀围的比值，腰臀比 = 腰围 ÷ 臀围，是判定核心肥胖的重要指标，这个比值越低，腰越细，臀越大。女性腰臀比的健康范围在 0.75~0.85，男性的腰臀比范围在 0.80~0.90，而国际黄金腰臀比的比例是 0.7 左右，当然这是个特例，不同国家，人种不同、基因不同，自然骨骼发育也不同，所以国内女模特只要保持在 0.75 左右的范围，男模特在 0.85 左右的范围即可。

（六）肩宽

两腿分开与肩同宽，自然站立，两肩放松，肩胛收紧且自然下垂。先用两食指沿肩胛冈向外摸到肩峰外侧缘中点即肩峰点，再用皮尺测量两肩峰点间的距离读数。测量误差不得超过 0.5cm。注意：肩宽 / 肩峰宽是左、右肩峰点之间的直线距离；最大肩宽 / 肩最大宽在三角肌部位上，上臂向外最突出部位间的横向水平直线距离。

（七）手臂（上臂、前臂）

上臂测量时，受试者自然站立，先将右上前臂前屈，掌心向上握拳并用力屈肘，测量者将皮尺于右上臂肱二头肌处围绕一周，所测数值即为上臂紧张围；然后受试者上臂不动，前臂缓慢伸直并松拳，此时皮尺仍在原位置围绕一周，所测数值即为上臂放松围。

上臂的紧张围和放松围是反映上臂肌肉发育状况的指标。两者差值越大反映上臂屈肌越发达，肌肉力量越强。

前臂测量时，直臂，握拳，腕关节伸直，测量最粗部位即可。

（八）腿围（大腿、小腿）

测量大腿围时，被测者两腿开立与肩同宽，检测者在其侧面将软带尺置于被测者臀股皱襞下水平环绕大腿一周计量，需测出大腿肌肉群放松时和收缩紧绷时最粗部位的围度。

测量小腿围（腿肚围）时，姿势同上，检测者将皮尺在小腿最粗壮处以水平位绕其一周计量，精确到小数点后一位，测量误差不得超过0.5cm。

（九）腕围（左右腕）

手指伸直与前臂呈直线，测量点在腕关节和手之间。

（十）上、下身差

上身长：自颈后第七椎点将皮尺垂直地面下拉至臀、腿之间的臀线。

下身长：自臀线将皮尺垂直地面下拉至足底。

上、下身差：下身长减上身长。

在测量时，被测量者不能塌腰、骨盆故意前倾，要保持躯干挺直，腰背自然挺立状态。

对于服装模特来说，上下身差越大，说明腿越长，比例越好。这里要说明的是如果臀线越高，在计算上下身差的比例时就越占优势，至于臀线的高低位，除了天赋以外，后天通过努力的训练也是可以提升的，后面将会为大家介绍提升臀线的训练方法。

摄影：王进

第二节　服装模特的形体训练

一、服装模特的体形特点

（一）职业模特的体形特点

职业模特的体形是大众最欣赏也最梦想的体形，想成为一个标准的职业模特，就要先了解超模体形的特点，并了解自身体形的特点，进行改善并完善。

宽肩、细腰、翘臀、梯形背、长腿都是超模体形的关键字眼，想要达到完美比例的体形，在训练的时候需要先了解自己的肌肉类型，再根据自己的理想身材的目标制订训练计划。

（二）身体类型

1. 外胚型

（1）体形特点：四肢修长，身材高挑且整体纤瘦，吃进去的食物很容易转换成能量散出去，肌肉难长。

（2）训练注意事项：

①大重量、少次数，热身后每组动作的次数在 6~8 次。

②进行高强度训练，组间歇休息时间充分。

③注意营养、增加热量摄入。

④避免太多有氧运动。

2. 中胚型

（1）体形特点：上肢与下肢的长度接近，且结实有力，吃进去的食物很容易帮助身体增长肌肉，但肌肉形状需要注意细节。

（2）训练注意事项：

①基本打造肌肉形态训练之外，需注意肌肉质量及细节上的"孤立训练"。每组动作建议 8~12 次。

②正常标准的训练强度，休息时间根据个人身体情况而定，可长可短。

③均衡饮食，不宜猛增体重再减肥，需循序渐进。

3. 内胚型

（1）体形特点：相比外胚型体质的人四肢短小，天生脂肪含量过多，肌肉塑造较困难。

（2）训练注意事项：

①高组数、高次数、短间歇，每组动作不低于 12 次。

②增加有氧训练。

③低热量饮食摄入，但要保证足够的蛋白质，低碳水化合物 + 低脂肪的饮食搭配。

以上是各类体形的特点分析及训练时需要注意的事项，但要说明的一点是：没有哪一个人是一定固定在某一个体质范围内的，一般情况都是介于两个体质之间的，例如，外胚偏内胚，内胚偏中胚等。很多人脂肪堆积过多并不是因为天生的基因导致的，也就是说不一定脂肪多就一定是内胚型体质的人群，而是因为每天没有运动量而导致的结果。所以在观察自己体形的同时也要审视自己每天的饮食结构及生活作息，结合这几点才能判断自己的体形特点。当然，如果天生没有成为职业模特身材的天赋，后天通过训练是可以弥补身材上的不足，调整肌肉比例及整体视觉效果，来贴近职业模特体形的标准。在后面的训练内容中，我们会教大家如何通过训练来打造职业模特的标准身材，起到扬长避短的作用。

（三）制订训练计划

1. 计划的制订及实施流程

（1）计划（Plan）→把握现状、设定目标、制订方案。

（2）实施（Do）→实施训练计划。

（3）确认（Check）→把握训练效果、实时根据自身情况调整训练计划。

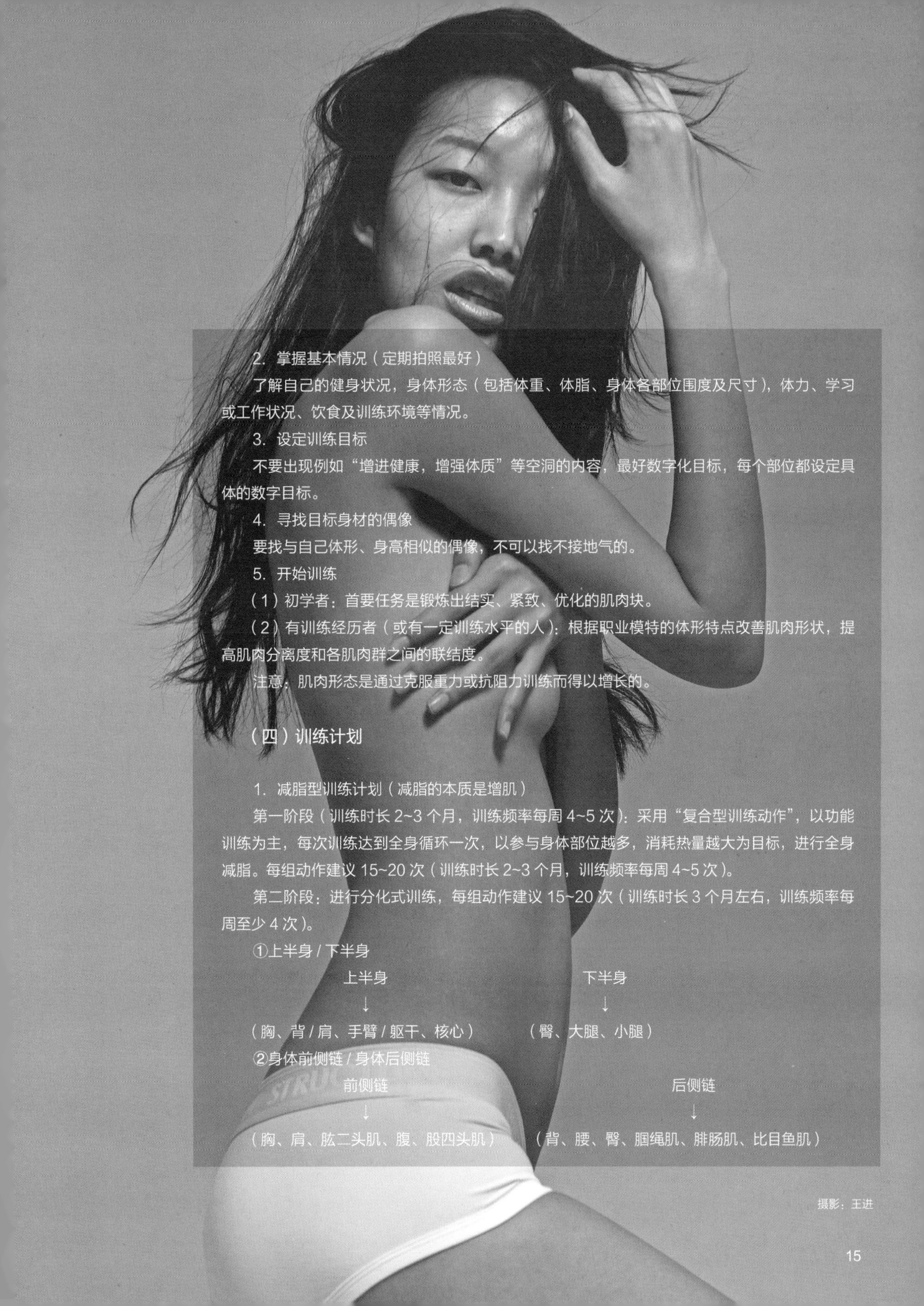

2．掌握基本情况（定期拍照最好）

了解自己的健身状况、身体形态（包括体重、体脂、身体各部位围度及尺寸）、体力、学习或工作状况、饮食及训练环境等情况。

3．设定训练目标

不要出现例如"增进健康，增强体质"等空洞的内容，最好数字化目标，每个部位都设定具体的数字目标。

4．寻找目标身材的偶像

要找与自己体形、身高相似的偶像，不可以找不接地气的。

5．开始训练

（1）初学者：首要任务是锻炼出结实、紧致、优化的肌肉块。

（2）有训练经历者（或有一定训练水平的人）：根据职业模特的体形特点改善肌肉形状，提高肌肉分离度和各肌肉群之间的联结度。

注意：肌肉形态是通过克服重力或抗阻力训练而得以增长的。

（四）训练计划

1．减脂型训练计划（减脂的本质是增肌）

第一阶段（训练时长 2~3 个月，训练频率每周 4~5 次）：采用"复合型训练动作"，以功能训练为主，每次训练达到全身循环一次，以参与身体部位越多，消耗热量越大为目标，进行全身减脂。每组动作建议 15~20 次（训练时长 2~3 个月，训练频率每周 4~5 次）。

第二阶段：进行分化式训练，每组动作建议 15~20 次（训练时长 3 个月左右，训练频率每周至少 4 次）。

①上半身 / 下半身

上半身	下半身
↓	↓
（胸、背 / 肩、手臂、躯干、核心）	（臀、大腿、小腿）

②身体前侧链 / 身体后侧链

前侧链	后侧链
↓	↓
（胸、肩、肱二头肌、腹、股四头肌）	（背、腰、臀、腘绳肌、腓肠肌、比目鱼肌）

第三阶段：健美训练，此时身体的脂肪已经减掉很多，但肌肉形态还并不完善，需对身体各部位的肌肉线条开始精雕细琢。每组动作建议 12~15 次。

①胸 + 肱三头肌 + 腰腹。

②背 + 肱二头肌 + 腰腹。

③肩 + 腰腹。

④臀腿 + 腰腹。

注意：减脂类型的模特需要在每次力量训练后再进行 30~40 分钟的有氧训练（例如慢跑、划船、跳绳等等）。

2. 增肌型训练

第一阶段：以大机群训练为主要目标，建议一次 1~2 个大肌肉群一起训练，不仅可以刺激肌肉，提高基础代谢率，更能加强身体联动性。每组动作建议 8~12 次（训练时长 2~3 个月，训练频率每周 3~4 次）。

①胸 + 腿 + 腰腹。

②背 + 臀 + 腰腹 。

③肩 + 手臂（肱二头肌 + 肱三头肌）+ 腰腹。

第二阶段：健美训练，肌肉含量在慢慢增加到同时，要开始注意肌肉的细节，如形容形态及分离度。每组动作建议 10~12 次（训练时长 3~4 个月，训练频率每组 4 次）。

①胸 + 肱三头肌 + 腰腹。

②背 + 肱二头肌 + 腰腹。

③肩 + 腰腹。

④臀腿 + 腰腹。

注意：增肌型人群尽量避免做太多有氧训练，以免消耗掉辛苦练出来的肌肉。

以上训练计划仅供参考，只是适合大多数人群，但每个人的身体情况各异，还需要具体情况具体分析，实时调整训练计划。

小问题 1：关于女模特健身，是不是会有不一样的训练计划及训练内容？

回答：对于女性来说，虽然身体器官与男性有不同，但是肌肉是相同的，你的肌肉细胞并不知道你是女性，所以不管男性还是女性，进行"渐进式"重量训练的效果都是一样的，因此训练动作也是相同的，唯独不同的是"重量有所不同"。女模特与男模特最大的差别是"训练目的"不同，女模特不需要追求太多的肌肉围度，更看重塑造身材曲线，让肌肤更加紧致。女模特在训练时，可以针对每个肌肉群的练习组次减少，而每组的反复次数增加的方式，这样不仅可以锻炼肌肉耐力，同时不让肌肉围度增加到最大尺寸。

小问题 2：女模特会不会一练，肌肉就会变得很大块儿？

回答：女性的身体没有分泌睾酮素（又称雄性荷尔蒙）的器官，只有靠卵巢分泌一点点雄性荷尔蒙而已，仅仅是男性的 1/16，所以假想一下，如果想要练出男性的大块肌肉，我们需要比自己多 16 倍的雄性荷尔蒙，花费的努力是男性的 16 倍，这是不可能达到的现象，所以女模特可以放心地进行力量训练，它不仅可以提高身体的基础代谢率，消耗更多热量，同时还会让身体更加紧致，增加视觉美感。

二、服装模特的健身训练

　　作为一名合格的职业模特，健身训练应该是生活和工作中不可分割的一部分，起到非常重要的作用。模特是"美"的化身，是引领时代潮流的衔接者，以最完美的身材，身着设计师的服装，向大众展示时尚最前沿的讯息。在上一节我们讲了如何制订适合自己的训练计划，这一节我们来具体讲解每种训练方式的特点，大家可以根据自身的身体状况及训练经历来参考。

（一）功能训练（Functional Training）

　　（1）定义：从英文字面直译理解为人体功能的一种训练，以提升身体在日常生活表现的一种活动练习。功能即是目的，人在受伤之后机体失去原有功能，通过功能性训练恢复机体原有功能的一种训练。在现代人的生活中，机体失去原有功能的原因并非是受伤，而是长时间缺乏运动，而导致身体功能减弱。

　　（2）特点：首先我们要知道人类身体的几大基本功能：推、拉、蹲、起、扭转、高度变化、位置移动等。遵循身体结构及功能特点，帮助身体更快更有效地找到目标肌肉的发力点，在训练的同时不仅能提升身体机能，还能将身体保护也做到最好。

　　（3）分析：综合而言，功能训练虽然不会改变我们的体形外观，但是可以教会我们的身体完成更加复杂的动作，强化我们的身体联动性，为后面的训练强度打下结实的基础。作为职业模特，不仅要保持好的身材，好的体能也是必需品，所以功能性训练是开始超模形体塑形的第一步。

　　（4）适合人群：运动小白、有过伤病史的人群、减脂人群。

（二）健美训练（Body Building）

（1）定义：是一种强调肌肉健壮与美的训练。

（2）特点：针对性强，指哪儿打哪儿，直接改善体形外观的最有效且最安全的训练方式。当人们的日常生活中出现了不良生活习惯的时候，身体会出现左右不平衡、四肢不匀称、骨质疏松等问题。而健美训练可以均衡肌肉的比例，增强骨密度，丰满躯体，增加肌肉弹性。

（3）分析：对于职业模特来说，健美训练是帮助身体塑形成超模标准体形的唯一渠道。它不仅可以增加身材优势，同样可以减少甚至消除掉身体的短板，达到扬长避短的作用。虽然人体的骨骼长度是天生的，但肌肉的比例是靠后天训练培养出来的。如果想腰腹从视觉效果上看着更纤细，一般常人会说："那就多练腰腹。"其实并非如此，真正好看的 S 身体曲线，是需要将每个身体部位都仔细雕琢才能体现整体的完美视觉效果。若想腰腹看着纤细，一定要多练肩、背，只有宽肩才能体现腰细，更能体现头小，增强视觉比例效果。

在第一节中，我们提到了上、下身差的问题，如果想视觉效果上加长腿部的比例，不仅需要腰细，同时还需要提升臀线，这时就需要靠健美训练，针对臀部进行重点训练，臀线提升，下半身的视觉效果会增长，上半身变短，不仅穿衣效果会更好看，从视觉效果也更贴近职业模特的标准体形。

（4）适合人群：想要改变自身体形的人群。

（三）有氧训练（Cardiovascular Training）

（1）定义：有氧运动是指人体在氧气充分供应的情况下进行的体育锻炼。即在运动过程中，人体吸入的氧气与需求相等，达到生理上的平衡状态。

（2）特点：简单来说，有氧运动是指强度低且富韵律性的运动，其运动时间较长（约 30min 或以上），运动强度在中等或中上的程度（最大心率值的 60%~80%）。在有氧训练中，氧气可以充分燃烧（即氧化）体内的糖分，还可消耗体内脂肪，增加和改善心肺功能，调节心理和精神状态。

（3）分析：对于脂肪含量较高的模特（这里要说明的是，大部分模特都以节食的不良习惯作为保持身材的手段，虽然视觉效果看着很瘦，但肉很松，在穿着一些紧身服装的时候，仍然会因为肉松而挤出一些"鬼祟肉"来，而且肌肉含量少，脂肪含量过高，被称为"瘦的胖子"）。有氧训练是在力量训练结束后必须进行的另一项训练，作为职业模特，长期保持低体脂的状态，以呈现最好看的肌肉形态，达到最佳的视觉效果，是作为职业模特需要具备的基本素质。

（4）适合人群：减脂、心肺功能弱、精神压力过大的人群。

第三节　服装模特膳食营养指南

一、人体代谢及膳食的基本原理

（一）基础代谢的定义

　　基础代谢（Basal Metabolism，BM）是指人体维持生命的所有器官所需要的最低能量需要。测定方法是在人体在清醒而又极端安静的状态下，不受肌肉活动、环境温度、食物及精神紧张等影响时的能量代谢率。

　　基础代谢为身体所有的基础生理功能提供能量，占我们每日所需能量的大部分。我们知道，在一个人的生长阶段，其基础代谢水平和燃脂率通常会下降。人们在实行严苛的饮食法期间，基础代谢水平也会下降。不过，需要注意的一点是，"节食减肥"常常会让肌肉降解，而肌的功能是消耗热量的，就如汽车里的发动机的作用一样，如果把发动机拿走了，那么汽车靠什么来耗油发动呢？

　　基础代谢率随着性别、年龄等不同而有生理变动。男子的基础代谢率平均比女子高，幼年比成年高；年龄越大，代谢率越低。如果想提高基础代谢率，需要靠运动来刺激肌肉，以达到提高代谢的效果。

　　基础代谢的计算公式：

BMR= 体重 ÷（身高 × 身高）

男性 BMR=10× 体重（kg）+6.25× 身高（cm）−5× 年龄（年）+5

女性 BMR=10× 体重（kg）+6.25× 身高（cm）−5× 年龄（年）−161

（二）三大营养素的定义及食物分类

　　1. 碳水化合物（Carbohydrate）——1g 碳水化合物的热量 =4kcal

　　（1）定义：首先，我们要弄清碳水化合物的几个名称。第一就是"糖"，在图书和杂志中会出现各种各样的糖，是我们日常生活中所说的"糖"，指烹饪时使用的普通的结晶蔗糖。但在营养学中，"糖"所指的不是日常生活中常说的蔗糖晶体，而是指所有的短链碳水化合物，或者涵盖人类饮食中所涉及的所有碳水化合物，包括主食、根茎类蔬菜。

　　（2）功能：为身体提供最主要的、也是最容易获取的能量来源。

　　（3）分类：

　　①单糖：正如其名，是构成各种糖分子的基本单位，对生物体非常重要，因为生物体内只能运输单糖分子。所有长链碳水化合物都要先被分解为单糖，然后才能被运输到血液中去。单糖主要包括葡萄糖、果糖和半乳糖。

　　单糖食物种类：白面包（糕点名，口感松软，微甜，主要由高筋面粉、酵母、黄油制作而成）、白糖（由蔗糖和甜菜榨出的糖蜜制成的精糖）、大米（稻谷经清理、碾米、成品整理等工序后制成的成品）。

②双糖：又叫二糖，顾名思义，由两个相同或者不同的单糖组分结合而成。双糖的两个单糖组分分离后才能进入血液并参与到人体的新陈代谢中去。最有代表性的双糖有蔗糖、麦芽糖和乳糖。

双糖食物种类：常喝的水果汁类、软饮等。

③多糖：由多个彼此相连的单糖残基组成。多糖可以按照以下几种方法分类：可消化与不可消化、动物多糖与植物多糖、天然多糖与人工合成多糖等，多糖的具体分类十分复杂，在这里我们只需要知道几个有重要代表性的多糖就可以，如低聚糖（又叫寡糖）、淀粉（植物淀粉、动物淀粉）。

多糖食物种类：小麦、玉米、高粱、薯类、山药等根茎类蔬菜。

在这里我们只需要知道碳水化合物的几个最重要的代表，以便对日常生活和锻炼有更大的帮助，我们往往可以根据以上这些种类的糖的结构来推测出它们在新陈代谢中的作用。在这里需要提到的一点就是，很多人一说到减肥，就不吃主食，但却用水果来代替，这是大错特错的做法，水果里含有大量的果糖成分，我们身体内的肝糖和肌糖最多储存500kcal的热量，而多摄入的部分就会转变成脂肪储存在身体里，所以一定要了解碳水化合物的定义和种类，不然减脂效果事倍功半。对于减脂类的人群，建议多摄入根茎类蔬菜，例如，玉米、南瓜、红薯、山药等。不仅相对白米、白面的热量低，同时根茎类蔬菜含有丰富的粗纤维，可以延长饱腹感。而对于增肌型人群，建议选择碳水化合物含量高的主食，比如，意大利面、杂粮饭等。

2. 蛋白质（Protein）——1g 蛋白质的热量 =4kcal

（1）定义：蛋白质由碳、氢、氧、氮四种主要元素组成，氨基酸是构成蛋白质的基本单位。对身体的新陈代谢有非常重要的意义。

（2）功能：蛋白质是身体用来生成、修复和维持肌肉组织的。

（3）分类：蛋白质的主要来源于食物中的肉类、奶类、豆类等。食物蛋白质的营养价值取决于含氨基酸的种类和数量，所以可根据食物蛋白质的氨基酸组成，按其营养价值分成 3 类。

①完全蛋白质：所含必需氨基酸种类齐全、数量充足、比例适当，不但能维持成年人的健康，并能促进儿童的生长发育，如红肉类、蛋类、乳类、鱼虾类、禽类、大豆中的大豆蛋白、小麦中的麦谷蛋白、玉米中的谷蛋白，都属于完全蛋白质。

②半完全蛋白质：所含必需氨基酸种类齐全，但各项含量高低不同，有的氨基酸数量不足，比例不适当，可以维持生命，但不能促进生长发育，如小麦中的麦胶蛋白等。

③不完全蛋白质：所含必需氨基酸种类不全，比如只含有 2~3 钟，既不能维持生命，也不能促进生长发育，这种蛋白质更多的来自于植物，如玉米中的玉米胶蛋白、动物结缔组织和肉皮中的胶原蛋白、豌豆中的豆球蛋白等。

鸡蛋是非常好的优质蛋白质的来源，如果没有胆固醇的问题，最好全蛋摄入。但是鸡蛋虽然是 100% 蛋白质，摄入到身体中是无法存留于体内的，可以适当选择一些不完全蛋白质，例如红肉类食物，不仅含有蛋白质含量，还能留存于身体内较长的时间，更重要的是红肉类富含肌酸，在人体内会以 ATP（三磷酸腺苷）的形式分解，转化成能量为身体供能，已达到训练时力量充足的，保证训练质量的效果。以下是按照蛋白质质量由高到低的排序，仅供参考：

鸡蛋（全蛋）100 → 鱼肉 70 → 瘦牛肉 69 → 牛奶 60 → 糙米 57 → 大米 56 → 大豆 47 → 全麦 44 → 花生 43 → 干豆类 34 → 土豆 34。

注：蛋白质质量低的食物为"不完全蛋白质"，但可将两种或多种"低质量蛋白质"摄入源结合起来，以获得高质量蛋白质。

小 Tip：虽然只有完全蛋白质才能促进肌肉生长，但是在没有 100% 完全蛋白质的条件下，可以选择"不完全蛋白质"的几种食物，将其结合成"完全蛋白质"来摄入，也可选择摄入蛋白质补剂为身体补充。

不完全蛋白质饮食搭配的方式：

a. 谷物配合种子：面包 + 芝麻 / 葵花子、大米 + 芝麻。

b. 谷物配合乳制品：麦片 + 牛奶、意面 + 牛奶 / 奶酪、面包 + 牛奶 / 奶酪。

c. 谷物配豆类：大米 + 大豆、小麦面包 + 烤豆子、混合玉米 + 大豆 / 小麦 + 大豆的面包。

（4）摄入量：

①减脂型：1kg 体重要摄入 1.2g 蛋白质，如果每天训练强度大，每天可摄入 1.5g/kg。

②增肌型：1kg 体重要摄入 1.5g 蛋白质，如果每天训

练强度大，可以增加至 2g/kg。

注意：

a. 蛋白质摄入过量会对肝、肾造成负担过大，每次摄入蛋白质的含量如果超过 30g，其多余的量不仅不吸收，还会转化为脂肪储存于身体内。

b. 蛋白质不仅仅只是肉类食物的标志，除了动物蛋白，还有植物蛋白，对身体也很有帮助，动物性蛋白质来自"酸性"，身体内"乳酸"过多，身体运动能力会下降，而体质也会偏"酸性体质"，所以对于训练的人群来说，蛋白质的摄入种类要越多越好（动物蛋白 + 植物蛋白）。

3. 脂肪（Fat）——1g 脂肪的热量 =9kcal

（1）定义：人和动物体中的油性物质。

（2）功能：储存体内主要的能量，为重要内脏提供缓冲和保护；像隔离装置，保存体内热量并抵御外界的过度寒冷。

（3）脂肪的分类：脂肪是三种宏量营养素中能量密度最高的，其组成成分与碳水化合物一样，但不同的是原子的连接方式。以下是脂肪的几种分类：单纯脂（甘油三酯）、复合脂（磷脂、糖脂、脂蛋白）、衍生脂（胆固醇）。

脂肪是所有营养物里卡路里密度最高的营养素，1kg 脂肪 ≈ 7700kcal，如果想要减脂，就要先了解脂肪的热量及食物蛋热量，来选择适合自己的食物类型。

（4）脂肪分子的分类：

①饱和脂肪酸：其分子像缠绕得很乱的线团，停留在体内时间较长，阻塞动脉、患病风险最大，并容易引起胆固醇上升。例如，牛肉、羊肉、猪肉、鸡肉、水生贝类、蛋黄、植物起酥油、奶油、牛奶、奶酪、黄油、巧克力、猪油等。

②不饱和脂肪酸：其分子像只是缠绕了一点点的线团，例如，鳄梨、腰果、橄榄果、橄榄油、花生、花生油、花生酱等。

③多不饱和脂肪酸：其分子像缠绕非常整齐的线圈，但不成团。例如，杏仁、人造黄油（普通的）、葵花籽油、玉米油、大豆油等。

注：建议模特的饮食中摄入 2/3 的脂肪都是多不饱和脂肪酸，不仅热量低，还能帮助身体快速代谢。

（三）三大营养素摄入比例

首先，职业模特要确定自己的身材类型及身材目标，来确定自己是减脂类型还是增肌类型。

增肌类型 = 基础代谢率 × 各类人群 +500（kcal）

减脂类型 = 基础代谢率 × 各类人群 −500（kcal）

三大营养素推荐摄入量比例——碳水 60%：蛋白质 20%：脂肪 20%。

膳食比例分配——早晨 40%：午餐 30%：晚餐 30% 或早晨 30%：午餐 40%：晚餐 30%。

注意：对于职业模特来说，要一直保持低体脂的状态，在其饮食上就要时刻严格要求自己，对于三餐的比例，晚餐要少摄入，所以上面的 40% 的摄入量一般分配在早餐或者午餐。

（四）食物种类摄入分配表

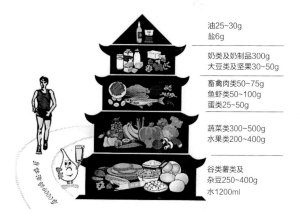

油25~30g
盐6g

奶类及奶制品300g
大豆类及坚果30~50g

畜禽肉类50~75g
鱼虾类50~100g
蛋类25~50g

蔬菜类300~500g
水果类200~400g

谷类薯类及
杂豆250~400g
水1200ml

二、饮食法的分类及特点分析

（一）地中海式饮食法

最重要的特征就是优先选择营养丰富、加工程度尽可能低的食物，所以蔬菜、水果以及优质脂肪在该饮食中的比重较大。地中海式饮食法的第一个好处是有利于健康，对心脏、血管和新陈代谢都有有利的帮助，达到延缓寿命的作用。第二个好处就是地中海式饮食囊括的食物丰富多样，包括水果、坚果、菜籽油、橄榄油、蛋类、鱼类、乳制品、全麦食品、豆类和其他蔬菜等，人们在选择食物时灵活性很

大，而且这类饮食结构中最多只有 45% 的热量来自脂肪。另外，地中海式饮食法的碳水化合物的摄入非常灵活，比如，模特可以控制碳水化合物的摄入，优先选择合适的水果、豆类、菌类和其他蔬菜来为自己提供碳水化合物，相应地少选一些谷物制品，非常适合在减脂阶段的模特，其减脂效果也非常好。

（二）低 GI 值饮食法

其原理在于：从某些食物（如营养价值高的植物油）中摄入的大量热量被水分含量高的蔬菜和水果稀释了，最终让人体处于能量负平衡的状态，而这种效果是通过食用较大体积的食物、含可慢速吸收碳水化合物的食物（如全麦面包）和含蛋白质的食物来达到的，使用这些因素结合在一起，就会让人产生明显而持久的饱腹感。说到底就是选择营养丰富同时又能把胰岛素分泌水平控制的尽可能低的食物。但在实行这类饮食法中，需要关注的主要问题就是碳水化合物的选择。对于模特身材来说，该饮食法必须减少食用 GI（血糖生成指数）值较高的精白面制品，饮食中的淀粉类食物均应是低 GI 值的全麦食品，比如，全麦意大利面，不仅 GI 值低，而且还能为人体提供膳食纤维。实行低 GI 值饮食法时，脂肪的摄入可参考地中海式饮食法所倡导的原则：优先选择富含单不饱和脂肪酸的食物，比如，健康的植物油、坚果、含优质脂肪的鱼类等。蛋白质的供应主要依靠鱼类、蛋类、低脂禽类、低脂乳品和豆类，这样可以弥补全麦食品的不足。综合来看，该饮食法跟地中海饮食法极为相似，都属于适合健康的基础饮食，只是在选择碳水化合物的类型时，其标准会难免不同。而且还有一点不能忘记的就是，只有在注重碳水化合物摄入的前提下，让每日摄入的热量至少 55% 来自碳水化合物的情况下，低 GI 值饮食法才会发挥最大功效。

（三）低脂高碳饮食法

减少脂肪摄入、强调碳水化合物的饮食无疑是人们最常用的一种饮食策略，这种饮食法在健美和健身领域都相当常见。其特点是要求碳水化合物含量相对较高（通常来说至少占热量摄入总量的 50%）和脂肪含量相对较低（大部分的低脂高碳饮食法要求脂肪含量为 25%~30%，有的要求达到 35%）的比例，在短时间内减脂效果极为有效，但这种饮食法并不是营养全面的饮食法，实行起来十分艰苦且令人难以适应，建议只在短期内实行，不然很容易形成暴饮暴食的现象出现。强烈建议入门者及年纪较大的人在开始实行这种严苛的饮食法之前进行一次身体检查。在实行此类饮食法的时候，很多维生素和微量元素的供应会随着时间的推移而出现问题，在此期间，实行者可以服用含有维生素和矿物质的复合营养补充剂。还需要提到的一个缺点就是，该饮食法将所有的脂肪——饱和脂肪和不饱和脂肪都同等看待了，但作为职业模特，瘦虽然是标准，但健康更重要，毕竟现在的审美标准也是以健康为基础的。

（四）低脂均衡高蛋白饮食法

此类饮食法有很多不同的版本，但各营养素的比例均为：蛋白质 30%、碳水化合物 40% 左右，理想情况下脂肪 30% 左右。在该饮食法中，低脂、高蛋白食物要在每一餐中占据主导地位，人们可以无限制地食用农夫奶酪、脱脂凝乳、原汁金枪鱼罐头和火鸡胸肉等。换句话说，这类食物可以想吃就吃，想吃多少就吃多少。只有按照这些原则进食，该饮食法才能充分发挥作用。这是一种能高效减脂的饮食法，如果选择此类饮食法的模特能坚持选择高营养价值的食物，那么它就能符合优质饮食法的所有标准。此外还有一大优势在于，实行者因摄入较多蛋白质，在减脂阶段其肌肉几乎不会损失。但此饮食法同样仅适用于短期，一般超过 6 个月，对于减脂的效果基本就没有意义了，因此，建议大家选择一种有助于保持身材的基础饮食法来与它交替实行。

（五）低碳饮食法

低碳饮食法同样有很多版本，在这里我们只提供并分析最有代表性的版本——阿特金斯饮食法。这种饮食法实行起来非常简单，所有的食物都选择高脂和高蛋白的就可以了，为了让此饮食法发挥到最佳效果，碳水化合物的摄入量必须降到最低，理想情况下每天要至少 20g。（这里的 20g 是指碳水含量的 20g，而非食物重量，大家不要误解）。这样看来，几乎所有的含碳水化合物的食物都摒弃才能满足这一要求。脂肪类和蛋白质类食物可以随便吃，高脂肉类、肥肉等都可以大量食用，但是乳制品除外。所以该饮食法的好处就是它对所允许食用的食物在食用总量上没有限制，人们可以随便吃。而且无需绘制热量表，也不必整天算来算去，非常方便。但是实行此饮食法需要保持谨慎，因为摄入大量蛋白质的缘故，身体的水盐平衡会受到损害，人体内的维生素和矿物质也会供应不足，在这种单一又严苛的饮食法中，不仅会影响模特在训练中的热情，产生情绪困扰的问题，甚至会导致肌肉降解，影响训练质量，这种严苛的低碳饮食法并不能让人高效增肌。此外，对已经患有肾脏或者心血管疾病的人来说，必须向医生咨询后才可以考虑是否采用此方法。因为目前还没有研究检验过实行低碳饮食法 2 年以上的安全性问题。

（六）极低热量饮食法

从严格意义上来说，极低热量饮食法是低碳饮食法的变体。正如这个饮食法的名称所表明的，实行者在几周里只能摄入极少的热量，每天只摄入 800kcal 热量。最有代表性的食物就是代餐粉、代餐饮料、能量棒这些。该饮食法在一日三餐中，要先选择其中一餐（一般来说早晨），用相应的代餐饮料代替，午餐和晚餐正常，不吃加餐。如此几天或一周后，再将午餐或晚餐用第二份代餐饮料代替，每天只吃一顿完整的正餐。这顿正餐最多为人体可提供 600kcal 热量，且营养丰富。但此饮食法最多实行 12 周，之后要么过渡到其他饮食法，要么回归基本饮食法，且过渡要逐步进行，先将一顿代餐替换成正餐，然后将另一顿代餐替换成正餐。此饮食法非常简单，且短时间内减脂和减重的效果都很明显。然而长时间实行这类饮食法会让实行者情绪失常，丧失训练热情，以及因血压出现问题而头晕、便秘、身体发冷、注意力涣散和体内矿物质失衡。因为此类饮食法必须要在专业的营养师或者医生的监管下才能实施。

（七）循环饮食法

此类饮食法是指通过在一段时间内减少摄入某种营养物质（一般来说建议模特选择碳水化合物），再在一段时间内过量摄入该物质来实现减脂的饮食法。此饮食法有一个代表性的理念就是"复食日策略"（又称高碳日策略），在

健身圈里最有代表的就是合成代谢饮食法。从无数的实行者实施的情况来看，合成代谢饮食法的效果非常好，它其实是循环饮食法中一个比较固化的版本：一般来说在实行该饮食法中，会经历 5~6 天的低碳日和 1~2 天摄入很多碳水化合物的高碳日，其原理是身体在碳水化合物摄入减少的情况下会迅速调整，将脂肪作为燃料，因而 2~5 天后，身体燃脂率会大大提高。如果实行者突然在短时间内将饮食结构转换成热量增加的高碳饮食，在运动中身体仍然会继续调用较大比例的脂肪作为燃料。由此节约下来的碳水化合物就可以用来增加肌肉的体积。建议减脂的模特可以将低碳周期加长，比如，4~6 日低碳日，之后安排 1~3 日高碳日。此饮食法除了减脂效果好之外，还有一大好处便是，在短时间内碳水化合物摄入量的减少不会给训练者的运动效能造成影响，而长期的低碳饮食对训练者的训练影响会比较大。此饮食法非常适合减脂型的模特，但循环饮食法的实行方法非常复杂，很难针对大范围人群在较大时间跨度上评估它的有效性，所以迄今为止循环饮食法尚未经过科学研究的检验。

（八）不吃晚餐饮食法

不吃晚餐饮食法其实在模特圈是非常流行的一种饮食法，这是一种无痛减脂法，至少是在刚开始的时候。尤其是对那些体力活动较少的人来说，不吃晚餐确实是很受欢迎的，他们希望通过此方法来减掉不想要的肥肉。晚餐的摄入量不仅会影响体重的走向，而且对于超重的女性来说，一般晚餐都会摄入过量，且用餐时间较晚，所以这种饮食法对需要减重的人群有很大帮助。但是此方法的劣势在于服装模特是需要通过训练来保持好看的肌肉线条，如果因工作时间的问题，而只将训练安排在晚上进行，那么不吃晚饭的饮食法就非常不适合，会大大影响训练状态和训练质量，建议最好在训练日晚上适当地进食，建议只吃些低脂、高蛋白食物，如鸡胸肉、低脂酸奶等。而休息日可采用不吃晚餐的方法，从本质上来说，这其实也相当于一种新版的循环饮食法。

（九）增重饮食法

肌肉量与体重之间有明显的关联，特别是在进行规律的力量训练的情况下。换句话说，一个人的体重增长了，那么他的肌肉的围度也会增长。这种方法的意义在于每天吃大量食物，而且原则上可以吃任何想吃的东西。但是需要注意的是每餐都应该摄入高营养价值的富含蛋白质的食物，或者至少时不时地选择一些比较有营养价值的食物。而不是毫无针对性的一直吃，吃什么完全根据自己的喜好而定，而且基本选择的都是营养价值并不高的食物。这种饮食法仅仅适用于消瘦型的、并没有达到标准体重的人群，因为该饮食法的弊端就是在刚开始实行时，实行者会感觉非常好，不仅饮食不受限，体重增加了，肌肉围度增加了，而且力量也迅速增加了，但是随着时间的推移，实行者的腰围会越来越大，腹肌也会慢慢消失，脂肪含量会伴随着肌肉的增长也会慢慢增加。所以实行者要确定自己的职业类型及工作目标，对此方法要三思而后行，因为想将增长的脂肪再减掉是非常痛苦的，建议职业模特多选择其他类型的饮食法来保证身体健康的同时，塑造更完美的体形。

以上是收集各类国家的饮食法，作为职业模特，飞往各个国家工作是日常行程，要根据不同国家、不同环境、不同的工作需求、根据当地不同的食物种类来及时调整自己的饮食结构，保证健康、营养。

三、关于节食及"欺骗日"

（一）节食

"节食"是模特圈常用的减肥手段，看上去好像是减少脂肪的最快方法，其实，这是以"懒惰"为借口。这样瘦下去的每一磅体重中，60% 都是肌肉，只有 40% 是脂肪，而且还会让身体流失掉很多维生素及微量元素。长期如此，不仅会影响身体健康，甚至会引发很多疾病出现，比如，厌食症、酮症、抑郁症、低血糖、低血压、闭经等严重危害身体功能的症状出现。而我们在前面的内容已经讲解到

肌肉的功能才是消耗热量的发动机，所以不管是准备进入时尚行业的新人模特还是已经有模特经历的职业模特，都需要对职业模特的饮食结构注入更多的关注和精力，才会让模特的事业发展道路走得更宽更长久。

在这里，我们很难一下说明减肥时每天应该摄入多少卡路里——因为还有很多影响因素，比如，体形、体重、训练强度和身体代谢率等，但是可以确定的是，减肥的模特要让自己的身体处于卡路里短缺的状态，也就是消耗能量比摄入能量更多。建议大家可以记录下自己每天吃的食物量，再从中减掉 1/3 的摄入量，来达到卡路里短缺的状态并消耗脂肪，这里需要注意，确定食物量之前要先确定食物的种类，比如，碳水化合物，建议选择：根茎类蔬菜，不仅 GI 值低，还富含膳食纤维，可帮助身体延长饱腹感；蛋白质：红肉类建议选择牛羊肉的瘦肉部分、白肉建议选择鸡肉、鱼虾等，还有乳类，尽量多选择脱脂类型；脂肪：对于减肥的模特来说，不需要摄入太多脂肪，而在每餐摄入的肉类当中已经包含了一些脂类，足以。烹饪方式尽量选择：蒸、煮、烤箱、炒、煎（这里的煎是指，例如，煎牛排，但不放油，因为肉在烹饪的过程中也会出一些油脂）这几类。在用餐频率上，"少食多餐"是重点，每餐大概 6~7 分饱，最好将一天三餐变为一天五餐，三次正餐、两次加餐，加餐可选择一小把原味坚果，或一个水果。同时建议加大运动量来帮助身体消耗更多热量，这两者配合的情况下，瘦身效果会非常好，不仅不会反弹，同时也可以保证营养的摄入，让模特在减肥期间依旧保持肌肤紧致、身体健康、心情愉悦的状态。

（二）欺骗日

"欺骗日"是一种专门用来应对聚会和节日的策略。对于减脂减重的模特来说，长期严格的饮食结构是让人无法忍受、很难坚持下去的。所以欺骗日算是一种奖励自己的小福利，其标准在每周训练保证 4~5 次的频率，且严格按照制订的训练强度和饮食结构的情况下，每周可以选择一天来当作你的"欺骗日"。就是想吃什么就吃什么，想吃多少就吃多少。但需要注意的是，在欺骗日之后，要相应地增加训练量和训练强度，有的人会因为这样的放纵之后，很难再继续回到严格的饮食计划中，甚至还可能会暴饮暴食，一直吃到身体不适。如果你的自控力很差，建议不要采取这个措施。

第四节　职业模特塑形与生活习惯的关联

一、水盐平衡

我们为什么离不开食物？或者换句话说，为什么不能节食或者禁食？因为食物为人体提供了 7 种基本营养素：水、常量元素、微量元素、维生素、蛋白质、碳水化合物以及脂肪。对于模特来说，不管是增肌还是减脂，首要目标就是满足它对能量的需求。在人体新陈代谢的过程中，除了氧以外最重要的基本成分就是水，它与人体内的矿物质平衡密切相关。对所有人来说，水至关重要。如果在缺水的情况下，2~4 天后人体就会停止排出代谢产物，大约 1 周后血液就会变得黏稠，肾功能和循环功能就会衰竭。对于模特的训练来说，补水是非常重要的一个步骤，训练时，身体会通过汗腺流失大部分水分，这时要及时补充水分，以防出现身体缺水而导致不适的状况出现。至于每人每天到底应该保证多少的饮水量，这个很难一概而论，因为每个人的体质、体形、体重不同，训练强度也不同，如果怕麻烦，可以遵循官方推荐的每日最低饮水量——1.5L，当然水的种类可以自己选择，矿泉水、自己泡的茶水、黑咖啡都可以。

除了水，电解质的存在也对人体具有重要的生理意义。电解质，其实就是矿物质，它们以不同的溶解度溶于水并带有电荷。其中包括盐、酸和碱。在日常生活中最广为人知的电解质便是食盐（学名氯化钠）。当它与水相溶的时候，便会形成氯化钠溶液，且具有导电性，并广泛存在于我们身体内的细胞中，为神经细胞和肌细胞等顺利实现其生理功能提供了基础条件。讲的直白一些就是，当我们在训练的过程中，身体会大量出汗，其体液中的矿物质会大量流失、电解质浓度改变，骨骼肌功能便会发生紊乱，这时会让人的身体出现令人疼痛难忍的抽筋现象。建议在训练时，大家可以准备一些运动饮料，但在选择时，要关注饮料中的各种成分的含量，此处的"成分"指的是钠元素之类的矿物质。

二、维生素、常量元素、微量元素与免疫系统

（一）什么是微量营养素

微量营养素必须通过食物摄入，长期缺乏会使生命活动受到负面影响，甚至会引发严重的健康问题。微量营养素包括：维生素、常量元素和微量元素。它们要么是人体的基本组成物质，要么为机体运行所必需的功能蛋白提供支持，要么使人体新陈代谢活动得以进行。

（二）微量营养素的重要性

为什么要在这里单独写微量营养素的重要性，其实就是想要告诉大家，在减肥甚至是模特塑形的过程中，千万不要"节食"，长期节食不光会让身体长期处于缺失营养的状态，身体内的微量营养素也会被慢慢流失的，长此以往，不光出现一些"厌食、抑郁、烦躁等"情绪的问题，身体上还会出现贫血、缺钙、铁缺乏症、骨质疏松等。虽然"节食"让你短暂的瘦下来了，但你不可能一辈子节食，一旦恢复正常饮食，不仅会暴饮暴食，反弹的状况会比节食前更严重，更可怕的是节食会让你失去身体健康，没有健康，何谈未来呢？很多人认为模特只是个青春饭，但其实这是个错误的观点，如果一个模特可以一直保持身材的最佳状态，整个人的精神状态也不会拖后腿。我相信如果一个能一直对自己身材严格要求的模特，不仅在时尚圈是一位非常专业、优秀的职业模特，而且也一定是职业模特的典范。比如，卡门·戴尔·奥利菲斯（Carmen Dell'orefice）就是最好的例子，2012年我去纽约参加时装周的时候，碰巧跟当时已经80岁高龄的卡门·戴尔·奥利菲斯同台，无论是身材还是气质都碾压全场，她让我明白了模特不是青春饭，时刻严格要求自己的身材是作为一名职业模特的基本素养，即使有一天你老了，就算脸上有了皱纹，但你依旧保持的好身材和精神饱满的状态才是让观众们更关注也更佩服的地方。

三、睡眠及生物钟的重要性

关于睡眠，现在很多人都有拖延症，其实良好的生活习惯就是从早睡早起开始的，特别是对于需要减肥的模特来说，如果熬夜，会降低身体的新陈代谢，还会让身体内分泌紊乱，爱长痘痘，易水肿，而且还会让整个人的状态看上去很颓废。所以很多模特朋友经常会来咨询我："我觉得自己太胖，还老爱水肿，这可怎么办？"一般我都会问："你经常熬夜吗？"而回答的人90%都是"是的"。所以，如果你现在的体形并不让自己很满意或者不符合职业模特的标准，那么说明你的生活方式及生物钟并没有那么健康，这个时候，你该去考虑一下改变生活方式，比如，饮食、训练、睡眠来调整你自己的状态。

四、情绪、心理

对于职业模特的体形塑造来说，确实不是一件容易的事情，不然超模的完美身材也不会被大众所羡慕，这必然是要在背后付出常人无法想象的努力和汗水，很多人在这个过程中都放弃了，但也有人在一直坚持，甚至成为了典范。成功永远是属于有准备的人的！对于即将入行的模特新人，建议找一位超模偶像为目标，时刻激励自己，为自己创造更多动力；对于已经开始职业生涯的模特，建议开始或持续进行训练，将身材打造到最完美的状态。关于体形塑造方面，自然离不开"吃、睡、练"三大因素，建议大家拍照和笔记的形式记录自己的每一个阶段的改变，这样当你看到自己的变化的时候，就会有更多的动力。如果中国模特80%都可以像国际模特的标准发展，相信中国模特的地位和印象在国际上也会被再次刷新到另一个高度的。

第三章　服装模特的舞蹈训练

第一节　服装模特舞蹈训练的意义与特点

　　1984 年版的《中国舞蹈词典》这样定义"舞蹈"：舞蹈是艺术的一种。是以经过提炼、组织、美化了的人体动作为主要艺术手段，着重表现语言文字或其他艺术表现手段所难以表现的人们的内在深层的精神世界——细腻的情感、深刻的思想、鲜明的性格，和人与自然、人与社会、人与人之间以及人自身内部的矛盾冲突，创造出可被人具体感知的生动的舞蹈形象，以表达作者（编导和演员）的审美情感、审美理想，反映生活的审美属性。

　　舞蹈艺术历史悠久，人类早在诞生之时即伴随着舞蹈的踪迹，因此有学者称其为"艺术之母"。在舞蹈漫长的演进过程中形成了严谨、科学、完整、充满审美意味的训练体系，它对于舞蹈演员的成长有着举足轻重的意义。

　　服装表演与舞蹈虽然分属两个不同的艺术范畴，它们的艺术表现形式与手段有着天壤之别，但它们都是以运动人体为材料的艺术形式，它们都需要有风格、有韵律、有表现力的步态（舞步）与造型（姿态）等进行艺术表现，因此将舞蹈训练方法用于服装表演专业的教学具有合理性；另外，服装表演及模特大赛中舞蹈元素的使用要求模特具备一定的舞蹈能力，从而使得舞蹈训练用于服装表演专业的教学具有现实意义。

摄影：陈曼

一、服装模特舞蹈训练的意义

（一）改造不良体态，修正身体线条

　　身体形态是模特选拔的基础，不仅包括身体维度、比例，也包含身体状态，即体态。随着生活水平的提高，越来越多的人长得身材高挑、四肢修长，成为职业模特的候选人。遗憾的是，在这些天生具备服装表演身高条件的人中，由于后天环境、动作习惯及思想意识上的原因等，不少人在体态上存在一些问题，例如，含胸、塌腰、端肩、脖子前探、脊柱侧曲等，这些问题从根本上讲是习惯问题，但"习惯成自然"，这些不良习惯成为一些人在服装表演道路上的绊脚石。

　　舞蹈训练从本质讲即建立人的某种动作习惯。

　　这种习惯首先作用于人体体态上，例如，当我们双手扶把杆练习最基础的"站"时，要求的是练习者要完成"脚往下踩、胯往上提、收肋、展肩、沉肩、头往上顶"的动作要领，这样一来，练习者的含胸、塌腰、端肩等毛病一扫而光，体态自然便直立、舒展、挺拔，由此可见，舞蹈训练有助于改善与纠正不良体态。

　　这种习惯还作用于人体线条上，例如，站立时的提臀，能使臀线上提，延缓臀部下垂，从而改善臀部形态与视觉效果；手位和腿部的外开练习，能有效地使手臂和大腿内侧肌肉工作，从而使其紧致；同时在四肢的训练过程中尤其强调拉长与延伸，而这些可以使四肢线条变得修长、柔和。

（二）强化身体控制力，提升表现力与美感

对于女模特而言，"征服"10cm左右的高跟鞋，让它们在自己的足下"俯首称臣"是她们"入门"必经的"坎儿"，从这个意义上而言，服装表演可以说是另一个"足尖上的舞蹈"，因此，她与芭蕾一样要遵循"趾立平衡的乐趣"；同时，服装表演是和乐而行，在舞台上展示不同风格的服装，由此可见，模特不仅需要比普通人更高、更强的控制力、平衡力和协调性，而且需要其动作有一定的节奏性、表现力和美感。

舞蹈是专门训练人体动作的艺术，她涵盖了几乎所有服装表演所要求的能力范畴。如，"趾立"及"半脚掌"训练能使踝关节及脚的掌趾关节更加灵活、柔韧和有力量，使其能胜任"超高跟鞋上的演绎"；技巧训练（如"跳、转、翻"等）是科学与经验的传承，能帮助模特触类旁通、自信地展示各种技巧。其他关于协调性、节奏性与韵律性的训练更是贯穿于体系的各个环节及训练始终。就动作训练而言，舞蹈训练范围、强度、程度都远远大于、高于、深于服装表演对人体动作的要求，因此，服装表演者坚持进行舞蹈训练对其服装表演有百益而无一害。

（三）强化方位意识、空间感

"方位"即方向与位置，是表演者在展演场地的空间位置与面向。无论何种舞台表演艺术都离不开"方位"这个因素。方位意识、空间感即是表演者对自身所处的舞台空间、自身面向以及自身与他人舞台空间关系的意识。舞台表演艺术由于具备时间性（即表演过程的不可逆性），它只能通过各种手段以尽可能在演出现场一次性展示给观众最好的一面。

调度是方位很好的表现手段。"调度"即是表演者个体的空间移动的轨迹及表演者之间的空间关系的变化，是方位的具体实施手段。"调度"往往以运动线的形式出现，它能丰富舞台空间，能帮助表达作品的情感。英国画家威廉·荷加斯（William Hogarth）在《美的分析》中说到"凡是直线和转折突然的线条，往往总是与兴奋、狂热、强硬、有力等情感中的力的结构模式相类似；凡是曲线和转折较为和缓的线条，往往总是与温柔、悲哀、宁静、悠闲、欢乐一类的情感活动的力的模式相当；方向向上或向前的线条往往与积极、进取、活跃等思想情绪相对应；而方向向下或向后的线条总是与软弱、松懈、垂头丧气、缺乏活力等思想情绪相对应……"

在舞蹈训练过程中，伴随着个体方位、空间及人与人之间的位置的变化，通过练习，能帮助模特快速记忆舞台调度及其变化，更快更好地适应服装表演的排练及演出的需要。

（四）舞蹈训练能造就或提升模特的气质

凯尔·罗德里克（Keir Roderick）在《模特儿手册》中写道："一个有生命的时装模特儿并不需要摄影模特儿那么漂亮而上镜的形象，因为服装表演是一种节目形式，时装模特儿必须通过其姿势、步履和个性把所穿服装的本质表现出来。时装模特儿是时装设计师或发布会的组成部分，人们要鉴别的并不是她（他）的形象，而是风格……"这里所说的"风格"即"气质"。气质是一种存在于人身上典型、稳定的心理特点。气质是无形的，却通过人们的举手投足外化，它是挑选模特的重要依据之一。

位于世界顶级模特经纪公司的玛丽莲·戈蒂埃（Marilyn Gauthier）也认为真正成为超级名模的决定性因素在于模特气质，这也是公司看好杜鹃的重要原因。杜鹃以独有的"中国式清纯"气质不仅使其打动模特大赛评委，从众多佳丽中脱颖而出，而且带领她游历于众多国际时尚之都，成为为数不多的跻身于国际模特圈的中国模特。

杜鹃的气质是长达数年专业舞蹈学习的结果。由于舞蹈训练体系本身具有风格性特点，使舞蹈演员在训练过程具备了与众不同的东西，这就是舞者的气质。又由于不同舞种的风格不同，对舞者的气质要求与训练都不同，同时也形成了

学习不同舞种的舞者的气质也不尽相同。可见，用恰当的、多种风格的舞蹈训练来培养、丰富服装表演者对多种风格气质的把握与塑造是很有必要的。

总之，舞蹈训练集技术与艺术为一体，是带领模特从理性支配身体走向感性外在表达的桥梁，模特学习舞蹈的意义在于通过舞蹈训练改造基本体态，修正身体线条，强化对身体部位的控制能力，提高身体的平衡能力，动作的协调性、节奏性与韵律性，提升动作的美感；

强化方位意识，空间感和表演意识；提升模特的气质等，为模特的T台走秀锦上添花。

二、服装模特舞蹈训练的特点

（一）重基训轻技巧

"基训"有两重含义：一方面，是指最容易让人忽略的准备活动；另一方面，指的是基本体态和动作的基本规律的练习。

准备活动对于舞蹈训练有两个大的帮助：从身体上看，它既活动了身体的主要关节、韧带和肌肉，使它们在软度、开度上得以提升，能有效防止运动损伤，也为课上训练过程个人能力的进一步提升打下坚实的基础；同时，课前的准备活动不仅使肌肉兴奋，同时也可以使神经兴奋，便于产生积极、主动的学习状态。因此，准备活动不是"鸡肋"，不应忽视。

基本体态是人体美和个人气质外化的表现手段之一，需要长时间练习方能达到动力定型，因此，要贯穿始终。

动作的基本规律包括动作的运动线、节奏、发力点、运动方式等内容。对动律的熟练掌握，在学习上表现为快速接受与举一反三，有利于学习进度与质量的提高。

（二）重元素轻片段

"动作元素"即俗称的动作，是舞蹈片段的组成部分，动作元素的练习能增强动作的美感。本原则源于模特工作特点：当模特在舞台展示服装时，整段表演舞蹈的机会并不多见，往往是导演根据服装的风格要求模特（或是模特根据所展示服装风格）做出某种感觉到动作；另外，当模特进行平面拍摄或T台走秀时，都需要造型，而元素练习能帮助造型

在准确、风格与美感上得到提升。此外，本原则与舞蹈作品的学习不相悖，舞蹈片段、小品都是由动作元素构成的，动作元素的练习也为进一步深度学习（如舞蹈作品的学习）打下良好基础。

（三）重意蕴轻形态

"重意蕴轻形态"强调的是在学习动作的基础上要重视动作内在的韵律与意蕴，即动作的感觉与"味道"。在习舞的过程中我们发现：同样的舞姿似乎在不同的舞种中都留有影子，总是让观者觉得似是而非，若即若离。其实，就身体不同部位的组合而形成的姿态，有很大的重复性，即使是在体操、瑜伽动作中我们也可以发现舞蹈姿态的影子，但它们毕竟不是舞蹈，因为舞蹈动作中体现的是沉积在一个民族、地域、创作者的审美，是民族自豪感和审美的体现，是某种情绪、某个认识的体现，而这些情绪、情节、审美等赋予动作更大的张力与感染力，这也是服装表演对模特的动作要求。因此，在学习动作的过程中要重视动作内在的感觉，并在动作中表现感觉。

（四）重表现（创造）轻模仿

无论是动态展示还是平面拍摄，模特在表现过程都需要很强的创造性。并且模特的创造性有很强的"即时性"和"瞬间感"。既要"来得快"，还要"变化多"。因此，舞蹈课程不应停留在"记动作"上，舞蹈学习的第一层面应是通过大量的元素练习，使学生掌握动作规律；第二层面则应当要求学生"活用"动作，即对动作进行创造性使用：通过对动作在力度、速度、幅度等方面的改变使动作的风格、韵律、色彩以表现不同的情境、情绪。

三、舞蹈元素在服装表演中的运用

（一）舞显于形

服装表演中的造型及模特的平面照片中，舞蹈元素的影子总是若隐若现。

（二）舞留于意

服装结合有意蕴的动作与表情，让观者身临其境，感同身受。

（三）舞助于兴

服装表演过程中尤其是模特赛事中的舞蹈片段或舞蹈化表演，能营造意境，调节气氛，推出高潮，增强可看性，让人意犹未尽。

第二节　模特舞蹈训练的基本原则及方法

一、模特舞蹈训练应遵循的基本原则

（一）动作性原则

动作是舞蹈的本体，是舞蹈构成的基础。动作由动作部位与其所走的运动线构成，从是否运动与动作构成部位的角度，可以将动作分为单一动作与复合动作、静止动作与运动动作。单一动作即由单一动作部位完成的动作；复合动作即由多个动作部位完成的动作；静止动作也称为造型、亮相，是各个动作部位在一个时间点（瞬间）的配合；运动动作是各运动部位在一个时间段各自走自己的运动线所形成的动作集合。

平时所接触的舞蹈动作多为混合型动作。单一的静止动作——动作在一个时间点由身体的某一部位完成；单一的运动动作——在一个时间段由身体的某一部位完成的动作；复合的静止动作——由完成动作的多个身体部位在一个时间点内同时完成，如芭蕾经典舞姿"阿拉贝斯"等都属于该动作类型；复合的运动动作——多个动作组成部位在一个较长时间段内各自按不同的节奏、运动线所形成的动作集合。复合静止、复合运动的共同点在于完成动作的部位是多元的，区别在于前者完成时间短、强调结果，后者完成时间长、强调过程。

由于舞蹈的动作性原则，要求模特在舞蹈学习过程中要以动作为中心，要认真地观察、模仿、记忆及练习动作。在学习动作的过程中，要关注动作的完成部位，各动作部位的运动线及动作节奏。

这里需要强调的是动作的节奏。节奏是舞蹈的基础。动作节奏与音乐节奏实现方式不同，动作的节奏由动作部位的快与慢、强与弱，动作幅度的大与小来体现，因此它包含了对动作部位力度与速度的要求。节奏的类型是多样的，如快而

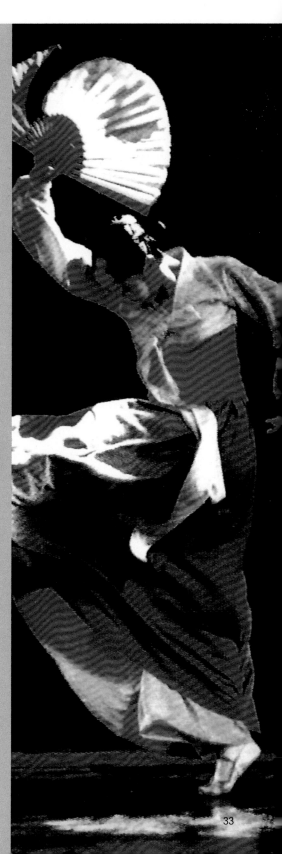

轻、快而重、慢而轻、慢而重的节奏等；节奏是塑造形象、表达情感的手段之一，它可以表现人物的年龄、人物的身份、人物的修养、人物的性格以及人物的情感世界，如轻快、跳跃、密集型的节奏表现天真烂漫，舒缓连贯、有力的节奏表达成熟稳重等；由于情感表达的丰富性，因此不是单一节奏（如快、慢、强、弱）就能准确的表达某种情感的，一种情感的表达总是通过动作节奏各特征之间的相互融合、渗透、排列、组合来体现，这也对肢体动作提出了更高的要求。

（二）韵律性原则

舞蹈的核心是运动的人体，即动作是舞蹈的本体。动作是个广义的概念，它共存于日常生活和艺术领域，舞蹈动作与生活动作的显著差别在于舞蹈动作富于韵律。

动作的韵律是指按一定节奏、运动线路形成的特有的韵味和节律。它体现在动作力量的强弱、幅度的大小与速度的快慢方面有规律的表现上。同样的动作部位或同样的动作，有韵律即为舞蹈动作，反之即为生活动作。如"走"：生活中的走，以右腿迈步为例，动作过程通常是动力腿右腿抬膝——出小腿——脚跟着地——全脚掌着地，重心移至右脚掌，同时左脚由全脚掌着地顺势往前呈左脚后跟离地，前脚掌着地……动作以满足生活需求为目的，没有审美和表意功能与需求；舞蹈中"走"的元素多得数不胜数，俯首皆是，如东北秧歌的前后踢步、走场步，安徽花鼓灯的双环步、碎步、别步、簸箕步，蒙古族的走马步、跑马步、摇篮步、刨步，维吾尔族的垫步、颤步，藏族的考步、撩步、拖步……由于舞种不同，风格不一，真可谓形态千姿百态，韵律色彩纷呈。

同时，韵律也是区分不同舞蹈风格的重要指标。从不同的韵律我们可以区分傣族舞蹈安详舒缓的"三道弯""一边顺"的风格；朝鲜族舞蹈潇洒典雅的"柳手、鹤步"的风格；蒙古族舞蹈豪放自信的"鹰"与"马"的风格；维吾尔族舞蹈热情豪放而不轻浮、稳重细腻而不琐碎的风格等。风格也即我们所说的舞蹈的"味儿"，韵律不同则"味儿"不一，尤其是基础律动上体现的韵律，可谓差之毫厘，味别千里。例如，摆胯：在傣族舞蹈基本动律——行进步法中，骨盆讲求的是走"船底"般的下弧线运动线的左右摆动，动作过程中强调的是慢蹲快起的节奏速度，骨盆走船底时动作幅度大、力量强，骨盆至船尖时动作幅度略小、力量小，轻轻往上一挑即成，整个动作过程讲求的是恬静、安详、沉稳、雕塑般的美感；而在阿拉伯舞蹈文化的代表——"东方舞"（肚皮舞）中，"摆胯"是一个体现中东舞蹈风情、给观众留下深刻印象的典型动作。与傣族舞蹈强调平静稳重的"船底"般的下弧线相比，它时而快动如飞，常常是几十个、上百个单一动作连着串，每一个单一动作的幅度小、速度快、力量较平均，动作过程讲求的是无控制般的松弛；时而重击如锤，胯部以最大的幅度与力量甩动，尽显女性魅力。

服装表演中服装本身便是风格的体现。

动作与服装的风格和韵律通常是叠合的，如轻快随意的动作风格适合休闲装、深沉内敛端庄的动作风格适合晚礼服、冷漠强力度的夸张的动作风格适合"酷"装，而轻柔婉约不拘一格的动作风格适合家居装……可见，动作的韵律性在服装表演中是至关重要的——服装表演需要有韵律有风格的动作来支撑，增强动作的韵律是提高服装表现力的有效途径。因此，模特在舞蹈学习过程中要以动作韵律为重点，斟酌动作的规律与韵味。

（三）表情性原则

任何艺术都具备表达情感的特征：音乐用旋律、节奏等表达喜怒哀乐；美术用点、线、面、色彩等表达爱憎分明；舞蹈则用动作的力量、幅度、速度等表达跌宕起伏。汉代《毛诗·序》曾这样写道："情动于衷而形于言，言之不足故嗟叹之，嗟叹之不足故咏歌之，咏歌之不足，不知手之舞，足之蹈之也……"，这里它强调舞蹈的重要属性为表达情感，即表情性。

表情性是韵律性的延伸。如果说韵律是动作力量的强弱、幅度的大小与速度的快慢方面有规律的表现上的话，那么表情是动作在韵律的基础上自由地抑扬、起伏和变化，即"个性化表达"。如芭蕾手臂的伸臂动作，情感的差异会导致对出臂的不同处理，如表达浓浓的深情时，出臂的速度较慢，幅度较大，力量上讲求内在的韧劲，就像恋人的眼神，深厚、绵延、有黏性；而在表达炙热的激情时，出臂的速度变快，幅度大，力量大且讲求爆发力，如舞剧《罗密欧与朱丽叶》中花园双人舞中，当罗密欧与朱丽叶互相表白爱慕之情后便定下山盟海誓，这时罗密欧面向朱丽叶单腿跪地，迅速地向天空伸出右臂，好像在说"我爱你！"。

服装表演也需要个性。虽然服装表演的主体是通过模特的表演展示服装而不是模特本人，但与众不同的表现、个性化的表演会给服装增色添彩，吸引更多的眼球。如CCTV男模冠军夏东宇在处理风衣时便有自己的特点：在走出台口时，他会将风衣的下摆往后、往上甩，在接下来向前的行进中，整个风衣的造型犹如一只大鸟，飘逸、洒脱、气势

恢宏。

有表情地处理动作（或将动作有表情地传达）是"个性"的体现，与表演者的性格、风格等相关，它牵涉到表演者的专业水平、性格特征、审美好恶、学识修养、社会经历等诸多方面，是"一个人（表演者）"对"另一个人（角色）"的个性化诠释（塑造）。对动作进行有表情地处理，即"动作的表情性"是舞蹈的最高境界，其处理手法体现一个人的审美趣味和综合素养的高低，是舞者的终极目标和最高要求。同样对于模特而言，其舞蹈学习的最终目标和最高追求是对舞蹈动作的表情化呈现。

二、模特舞蹈基础训练方法

（一）柔韧度方面

柔韧度包含关节、肌肉与韧带的拉伸与外展幅度，也称软开度。柔韧度的训练可以借助舞蹈专用训练器械——把杆，也可以借助生活物品，如桌椅板凳、墙壁等，还可以自己徒手进行。具备一定的柔韧度是动作美的基础，模特的柔韧度练习主要涉及肩、腰、腿等部位。

1. 肩背部训练

肩背部训练的目的主要是拉伸手臂韧带、延展胸椎向后的曲度（胸腰）。

练习时上臂可以是双臂伸直上举与肩宽，可以屈臂展开上举、手掌放于后脑勺处；可以在跪坐、直立的基础上上身前倾进行练习；可以在地面、墙面、把杆上练习；可以是个人自行练习，也可以是双人互助练习；可以是静力拉伸，也可以是动态拉伸。

肩背部拉伸训练时要注意两个点：一个是肩关节，一个是与胸骨底端相对应的胸椎关节。在拉伸过程中，要以这两个关节为支点进行拉伸。

静力拉伸练习结束后，一定要进行反向练习（如含胸）以防运动损伤，同时拉伸结束要在拉伸方向上做动态练习（如向后甩臂膀）以提升练习效果。

2. 腰部训练

腰部练习主要是练习腰椎（大腰）在前、后、左、右四个方面的活动幅度。

腰部练习可以在跪立、站立等姿势上进行；可以做静力拉伸和动态拉伸；可以是个人自行练习，也可以双人互助练习。

在动态练习过程中，可以使用颤动、甩动、涮动的方式进行。建议循序渐进：由幅度小的颤动到幅度大的甩动，由单一的颤动、甩动到多方向的涮动过渡。

练习过程中，身体感觉向所行进的方向远远地延伸，而不是向下压；在下后腰练习时，重心要往前移动，具体表现为胯往前顶，否则容易失去平衡，出现运动损伤；练习结束后，一定要进行反向练习（如含胸），以防运动损伤。

3. 腿部训练

腿部练习主要是针对双腿柔韧度及开度进行训练。主要练习其向前、后、左、右的活动幅度。

腿部练习可以在地面、把杆，甚至是墙面、窗台、桌子、楼梯扶手等物件上进行；可以做静力拉伸和动态拉伸；可以是个人练习，也可以双人互助练习。

压腿过程中要注意绷脚尖，膝盖拉直，腿部由髋关节处外开，具体表现为：压前腿时，脚背向外；压旁腿时，脚背向上；压后腿时，脚背向外。此外，还要兼顾身体直立。

练习过程中，可使用压（动态拉伸）→耗（静力拉伸）→踢→压→踢……的循环过程进行训练，使训练效果快速提升。

压、耗、踢腿过程要注意身体重心始终在主力腿的脚掌；身体拉直，尤其在踢腿时，上身要保持直立，而不能向下坐；踢腿要注意是经擦地出，由脚尖带动，往远延伸，而不是用大腿的力量举起整条腿；注意保持气息顺畅，踢腿时不能憋气。

以上练习可在勾脚状态下完成，练习完毕注意放松。

（二）灵活度方面

"灵活度"简单地说来有以下几方面的含义：一是要"会动"；二是要会往不同方向"动"；三是要会"随不同节奏动"。

以髋关节为例，髋关节是连接躯干与下肢的关节，它可以左右、前后，还可以往上做平圆、立圆运动。在训练中，可以先用长时间节奏使训练部位充分动作，然后过渡到短时间动作，例如，从四拍一动→二拍一动→一拍一动→ 1/2 拍一动；为了训练不显枯燥，练习者可以在基础练习以后选择一首自己喜爱的乐曲，随乐曲的旋律、歌词、风格等有意识地变换节奏运动，如随节奏而动，快节奏慢动作或慢节奏快动作。

（三）协调性方面

"协调性"是指不同动作部位在同一个动作过程中的互相"合作"能力。

对"协调性"基本层面要求即自然、顺畅；高级层面的要求即美、有韵律。因此在训练过程中可以用随机抽签的方式让身体各个部位随机组合形成动作和动作连接；也可以选取不同舞种的代表性动作，从这些动作的结构（可以解构、重构）切入训练。为了训练不枯燥，同样可以选取自己喜欢的音乐进行练习。

第三节　不同风格舞种解读

一、矜持含蓄、高雅大方——芭蕾

（一）芭蕾概述

芭蕾（Ballet），源于拉丁语"Ballo"（是"Baller"——"跳"的变形），有广义与狭义两种解释，广义"芭蕾"泛指各种舞蹈和舞剧；狭义"芭蕾"即"古典芭蕾"，是通常意义所指的芭蕾，是源于西欧、有一定审美标准与技术规范的古典舞种。

芭蕾起源于15世纪的意大利，于16世纪通过意法王室联姻而传入法国，在法国国王路易十四的大力倡导下在法国宫廷日益成熟，约18世纪进入俄罗斯，并经俄罗斯发扬而播及世界。

芭蕾"轻、飘、快、稳"的审美趣味产生了"开、绷、直、立"的动作标准。由于芭蕾女演员身着白纱裙和足尖鞋，因此芭蕾也被通俗地称为"足尖舞"和"白纱芭蕾"。

（二）芭蕾对模特训练之价值概略

（1）芭蕾讲求动作的"绷"与"直"，因此芭蕾训练对于服装表演者最直接的帮助在于体态。通过系统的芭蕾基础训练，帮助模特形成挺胸、收腹、立腰、拔背、展肩的良好体态。

（2）芭蕾讲求的是"趾立平衡的乐趣"，是"足尖上的舞蹈"，通过适量的芭蕾训练，可以增强对重心及脚掌的控制，具体对模特而言，可以体现在着高跟鞋状态下更好地保持体态和步态，尤其是有助于脚踝部位的安全，能减少和消除"崴脚"的发生；芭蕾训练能有效地针对大臂与大腿内侧肌肉，因此能帮助模特形成良好的臂、腿部形态。

（3）芭蕾始于宫廷，深受宫廷审美趣味的影响，举手投足体现了浓厚的贵族气息，因此系统的芭蕾训练，能帮助模特形成矜持含蓄、高雅大方的优雅气质。

二、高傲融卑微、热情和冷漠——弗拉门戈

（一）弗拉门戈概述

弗拉门戈（Flamenco）是一种融歌唱、舞蹈、器乐（吉他）为一体的艺术形式，是西班牙舞蹈文化的标志，可

以说西班牙舞蹈文化即"弗拉门戈"艺术。

弗拉门戈起源于吉卜赛文化。有研究表明，吉卜赛民族（法国人称之为"波希米亚"）源自古印度的"多姆族"，而多姆族人以歌舞者和占卜者为多，他们大多无固定的职业，游走江湖，靠歌舞表演、相面为生。其用来谋生的歌舞表演即是弗拉门戈的雏形。

多姆族最初居住于印度中部，后转移至印度西北部，继而再北上迁移至欧洲，目前以在西班牙定居者为最多。在其长期"漂移"过程中，弗拉门戈深受亚、欧舞蹈元素影响，直到19世纪才形成自己较为成熟的独特形式。由于多姆族的流浪特性，使弗拉门戈舞蹈既拥有亚洲民族的含蓄细腻，又有欧洲民族的大气与豪爽，如：自立挺拔的体态、傲视一切的神气、细腻的手臂动作与变化丰富的足部技巧……并以此形式征服了西班牙、迷倒了全世界；在情感表达方面，弗拉门戈是一个充满矛盾情感的艺术，其热情奔放而又蕴含无限的忧伤，因此被称为"冰山上的火焰"。

（二）弗拉门戈对模特训练之价值概略

（1）由于弗拉门戈的体态基于芭蕾基础体态之上，更着重胸腰上扬的感觉，即在直立基础上微微上挑胸腰，因此它更加强调挺拔直立，帮助模特形成良好的"S"形体态。

（2）弗拉门戈的亚欧混血特征，导致其冷漠、矜持而又热情、开放的情感表达，能帮助内敛细腻的亚洲模特塑造情感外射的开朗、豪爽形象，也为表现诸如"波希米亚"风格的服装提供了原始文本。

三、灵动随意、性感幽默——爵士

（一）爵士概述

爵士舞（Jazz）是一种多元素的综合性舞蹈，它起源于19世纪或更早时期的美国黑人舞蹈，深受非洲文化与欧洲文化的影响，被人们称为是"在美国的生存环境中长大的非欧混血儿"，爵士舞包含了丰富的动作元素，有舞蹈的，也有非舞蹈的，如芭蕾元素、欧洲民间舞元素、欧洲宫廷对舞元素、美国本土舞蹈元素、黑人舞蹈元素、踢踏舞元素、现代舞元素，甚至是瑜伽元素。

爵士舞在其漫长的发展过程中形成了自己动作上的特

点，如模仿动物、身体蜷缩、强调身体局部（肩、胸、腰、胯、膝）动作；另外，爵士舞是随爵士乐的产生而产生的，因此其节奏体现出爵士乐的诸多特点，如以切分为特点，多种节奏相结合等；此外，爵士的精神即"即兴"和"个性"，因此爵士舞也体现着这一精髓，有很强的个性与即兴性。在舞蹈形象与情感表达上，爵士舞就像一条变色龙，它可以是稳重端庄的、俏皮可爱的、诙谐幽默的、妩媚迷人的，甚至是性感招摇的，真可谓是魅力无限。

（二）爵士对模特训练之价值概略

（1）由于爵士舞的舞步多样、多变，不流于程式化，中段表现力丰富，因此它带给模特身体上的帮助是：灵活自如的身体反应、刚柔并济动的作表现；

（2）爵士舞"变色龙"的特性带给模特的帮助是：幽默的风格感受、丰富多变的角色体验、随心所舞的机智展示。

四、率性自然、真我显现——街舞

（一）街舞概述

街舞又称"Hip-Hop"，俗称"嘻哈舞"，起源于20世纪80年代美国纽约布鲁克林区的穷人（多为有色人种，如黑人、墨西哥人等）的，用以发泄情绪的街头文化——"Hip-Hop"文化，它所蕴含的文化内涵为：勇于接受挑战、自立、自强、超越自我、享受自我。

从字面上看"Hip"即臀部，"Hop"即单腿跳。因此，早期的街舞，身体中段与腿的动作成为"Hip-Hop"的主要特色，随着街舞的发展，在舞蹈的同时也加入了很多手臂动作，形成了诸如Locking（也称"锁舞"，强调快速流畅的动作）、Popping（即"机械舞"，动作节奏讲求顿挫的节拍）、Breaking（即地面动作，有很高的技巧性）、Wave（即"电流舞"，动作特征即肢体分节运动）等动作体系与分支。

街舞最初是一种街头即兴舞蹈形式，是穷孩子之间的娱乐，随着街舞世界范围的流传，使其在被大众接受的同时也融入了一些其他地域与民族的动作元素，甚至是东方元素，如芭蕾、体操、武术等。同时，它不仅堂而皇之地走上大雅之堂，在舞台、MTV中显示自己的魅力，街舞大赛也随之应运而生，如美国、韩国、日本等街舞大赛，为喜欢它的年轻人提供展示自我的舞台。

（二）街舞对模特训练之价值概略

（1）街舞动作力量性较强，需要舞蹈者较强的爆发力，因此能消耗较多的热能。有研究表明，连续跳1小时消耗的热量，相当于跑步6公里，且在舞蹈过程动作不断变化，不易产生枯燥感，因此，可以尝试将之替代有氧体操用于消耗脂肪、减体重。

（2）街舞动作更多与小关节的运动相关，如腕、掌指关节、指关节等，甚至是颈椎，使时常被忽略的小关节和小肌肉群得以锻炼，同时，街舞也传承了爵士舞舞步多样、多变、不流于程式的特点，能较好地改善模特的协调能力与应变能力。

（3）街舞崇尚自由个性与反叛精神，形式轻松随意，可以帮助模特体验相应的角色感受，以用于与之相对的服装演绎之中，如休闲装、运动装。

模特在表演过程中会遇到各种风格的服装，不同的风格体现不同的文化与审美，不同的风格可以由不同的形象（角色）体现。在舞蹈学习过程中，模特可以从不同风格的舞种中体验不同的角色，感受沉淀在角色身上的文化基因，以助于服装演绎。以上介绍的舞种只是舞蹈世界"沧海之一粟"，其他舞种，诸如本国少数民族民间舞、外国民间舞、现、当代舞等，也不容忽视，模特应尽多地了解与收集不同风格的舞蹈元素，以拓展视野、丰富肢体语言的储备。

第四章　服装模特的音乐素养

第一节　服装表演中音乐及其行为表现的意义

一、音乐与时装表演

　　大约有音乐存在的那一时刻，就伴随有时装的动态表现。反之，有时装动态表现的那一瞬间，其本身就在无限地流淌着音乐，特别是在 T 台、社交场合等。也就是说，仕现实社会中的二者，更多是时间或流动的艺术存在。

　　从人类文明创造开始，二者便天真无邪地联系在了一起，形成相互映衬、协调统一的整体，共同追求人性的解放、文化的力量、生活的智慧，尤其追求着自我的身心表达。

　　音乐和时装的整个发展史与现实状貌，无不展现着上述共同目标的形成与发展，无不体现着社会功能的彰显及其所发挥的巨大社会影响，自然也无不彰显时代精神共振下二者在内在理路、脉络和深层缘由上的直觉认同，渐之以形成独具特色的风格趋向和发展态势。把握它们，精通它们，无论对于一位行家里手的时装设计师而言，还是刚刚步入时装动态表演的模特来讲，其表征或潜在的实际意义和当下价值不言而喻。

　　服装表演的现场，不仅有时尚的时装、靓丽的模特和绚丽的舞台灯光，更重要的还有与展示的时装风格相匹配的音乐。音乐，对于模特的表现和情绪易于产生最直接的影响，包括对烘托服装表演的气氛、彰显时装的风格、质地、色彩起到了无法替代的暗示和烘托作用，为模特表演提供了坚实的精神背景。当模特面对"现场音乐与时装动态表现"时，现场音乐和视觉刺激在不断地撼动着观赏者的感知神经，并在音乐整体音响与时装动态表现之间发生联觉作用，尤其体现在与音高、音强、时间、紧张度和新异性体验相关的联觉上。因此，在现场音乐流动中的时装动态表达，不仅要求模特观照音乐与时装的匹配风格，更重要的是瞬间捕捉并达成敏锐而独特的审美动律，自然且专注地展示时装和音乐的神色和气韵，实现音乐、时装和人性的完美和谐。

二、音乐行为表现与服装表演

　　根据美国哈佛大学霍华德·加纳德（Howard Gardner）博士的理论，音乐智能是每一个体与生带来的，但由于后天的环境和体验的积累，则有不同程度的表现，也就有了不同音乐行为表现的个体的存在。音乐行为是指人在自我意识、情感和经验等因素影响下产生的有关音乐表现的外部活动，它包括表演行为、读写行为、聆听行为和其他认知行为。

PAUL COSTELLOE

　　音乐行为表现的根本是音乐素养，即一种深切综合的音乐感受、体验和行为表现能力。音乐家与普通听众的根本差别，不在于是否知道作品的表现内容，而在于对作品音响结构听觉感性效果的细致入微的体验能力。因此，其行为表现的核心基础，不仅包括音乐的技能、知识和理解，还包括创造声音、组织声音、描述声音、历史知识、曲目库和表演实践，当然还有与其他艺术领域和非艺术领域的文化关联。

　　对于模特而言，音乐行为表现能力的整体提升，通常并非仅仅通过单纯的音乐知识的学习获得的，而积极主动地参与音乐表演、聆听优秀的音乐作品、品味音乐创作或制作的过程、悉心阅读音乐历史、体悟音乐文化内涵也许更为重要。例如，主动聆听一些喜欢的艺术音乐，亲身体验不同形式的现场音乐会或音乐剧、舞蹈、话剧等。作为一名模特能够亲历音乐实践，进入音乐表现的核心地带，较之深入掌握音乐理论来欣赏高雅音乐更有意义。音乐行为表现期间，重要的在于体验自己的感觉、注意力和神情是否协调，自己的感觉、注意力、神情和身体表现行为（体态表现）能否高度匹配，尤其在音乐内质、风格与身体运动过程中表现时装内质和风格的匹配水平。与此同时，积极运用联觉对应关系，深切提高对待音乐的理解，尤其是音乐风格的敏锐把握和体悟，而这正是理解时装及其风格的灵魂所在。

　　所有这些，深切综合的音乐感受和体验能力应成为模特音乐行为和素养教育的关键，特别是培养对良好音响结构听觉感性环境的要求。当然，更为重要的是不断提高音乐环境下服装表演的审美注意能力，其目的是要敏锐达成时装与音乐风格的直觉或本能反应，服装内涵的精神才可能有无限释放的空间。当然，音乐环境中模特的情感参与、审美智慧的跳动、审美品质的提升也是十分重要的。而这一切，均建立在音乐感受、体验和行为表现能力的基础上，不断提高模特内心的音乐快乐、满足和态度，最终实现审美经验的积累与升华。

第二节　音乐艺术与时装艺术

一、时间和过程的艺术形式

音乐是时间的艺术，是流动过程中具有丰富表现力的声响艺术。其表现对象不仅包括情绪情感对象，还包括视觉对象、思想观念、戏剧性事件、生活场景和某种动植物的存在状态等。也就是说，音乐可以表现人、事、景、物等生存世界的内外观、主客观的所有对象。范围缩小或聚焦凝结，更易于形成诸如"长短、远近、高低、大小、哀乐、刚柔、快慢、硬软、迟缓、疏密、清浊、浓淡、薄厚、粗糙细腻、阳光阴暗、倔强温柔、棱角圆润等"外观表象和心理与感情体验。所有这些，无一不是动态的表征，是在无限变化的流动过程中展现其存在的形态，渐之以达成某种态度，激发起人的世界无限的心理活动和生活品质的向往与追逐。

时装亦是如此。它的布料、线条、色调、款式、质地、配饰与工艺等，无不体现着人、环境和社会的心理、地位、风貌和变迁存在的多重关系。所有这些，均是处于流动的生活动态产物，自然就表现了上述几乎所有的外观表象和心理与感情体验，是人们追求健康、时尚和个性表达的装饰艺术的统一存在体。

作为时间和流动的艺术形式，两个独立个体的音乐和服装，其内在却始终蕴含着诸多联系，即便在结构的讲究上也是如此，如节奏、色彩、布局、比例、力量、风格、文化、直觉等，均围绕着时代变迁、社会生活、宗教礼仪、精神风貌、地理环境等展现不同的审美观念。

音乐艺术和服装艺术伴随着人类的文明步入现代社会，表达的终极指向是人。也就是说，人的和谐发展是其使命，当然包括由人组成的社会和环境的健康与和谐，而崇尚人的心理和身体的自我表达是其目标，时间和流动是其永远的活的艺术存在形式。

二、相互依存和相互作用的统一体

音乐和时装有其共同的存在方式，自然也就决定了二者的关系是相互依存、相互作用、协调统一的整体。也就是说，有音乐存在的地方就会有时装存在着，二者共存于人本身，形成协调统一、富有神采的动态个体。

无论是唯美的艺术音乐，还是疯狂的流行音乐，所有

的歌唱家、演奏员或亦是指挥，均十分注重自己的装束，精心设计者数不胜数，特别在流行音乐界，更是崇尚时尚引领。如演绎摇滚乐、爵士乐、Rap、R&B等，这些音乐的明星有斯科特·加普林（Scott Joplin）、路易斯·阿姆斯特朗（Laris Armstrong）、贝茜·史密斯（Bessie Smith）、麦尔斯·戴维斯（Miles Davis）、艾尔维斯·普雷斯（Elvis Presley）、披头士（Beatles）、杰克逊（Jackson）等。其中，全世界几乎家喻户晓的麦当娜（Madonna），不乏由众多知名服装设计师，如让·保罗·戈尔捷（Jean Paul Gaultier）、多尔切·伊·卡巴娜、奥里弗·西斯金、斯特拉·麦卡尼（Stella Nina McCartney）、古奇的汤姆·福特（Tom Ford）以及穆西亚·布拉达（Murcia Prada）和范思哲（Versace），包装出来的歌星。单是滚石（Rolling Stone）那条大舌头就成了潮流玩意的一部分，周而复始，更有点永垂不朽的意味。

艺术音乐代表，包括中世纪音乐代表人物希尔德加德·凡·宾根（Hildegard Von Bingen）和纪尧姆·德·马修（Guillaume de Machaut），文艺复兴时期的音乐人物德普瑞和帕勒斯特里纳（Palestrina），巴洛克音乐代表者蒙特维尔蒂（Monteverdi）、巴赫（Bach）和亨德尔（Handel），维也纳古典乐派音乐人物海顿（Haydel）、莫扎特（Mozart）和贝多芬（Beothoven），浪漫主义音乐诠释者肖邦（Chopin）、门德尔松（Mendelsohn）、舒伯特（Schubert）和舒曼（Schumann），民族乐派音乐人德沃夏克（Dvorak）和西贝柳斯（Sibelius），印象派音乐代表德彪西（Debussy）和拉威尔（Ravel），新古典主义音乐人物斯特拉文斯基（Lgor Feodorovich Stravinsky），表现主义音乐人勋伯格（Schonberg）、贝尔格（Berger）、韦伯恩（Webern）、巴托克（Bartok）、艾夫斯（Ives）等。他们各自所处的时代，时装和服饰均与之相随，也就是说，均能够准确体现那一时期的时装和服饰样式与风格。

音乐是时装不可或缺的重要元素，更是时装发展的催化剂。20世纪60~70年代的嬉皮士和90年代的格朗基，正是依靠着流行音乐和时装打扮来表示出年轻人对这个社会的态度。再如，纽约设计师斯蒂芬·斯普劳斯（Stephen Sprouse）创意下的勃朗蒂·黛比·哈里（Brandy Debbie Harry）早期的朋克流行形象；多纳特的时装展，定会有摇

滚歌星科特尼·拉弗、约翰·波恩·乔微和麦当娜的音乐相伴……

音乐的流行影响了时装的流行，而时装的流行反过来又推动了音乐的流行。时装与音乐连成一线，形成相互依存、相互作用的协调统一体，已经得到历史证明，即便是今天社会也是如此。

三、自我表达的话语方式

如果说，音乐和时装发展史是由古老的过去、形成的现代和充满无限幻想的将来这样三维时代因素组成，那么作为一种自我表达的话语方式，便是人类音乐和时装起源和发展的一条红线，因为人的存在，特别是身心交往的多重行为需要，当然包括时代的精神展现、人性的解放、文化力量的释放与生活品质的全面提升。

音乐和服装起源的初始阶段，更是为了满足生存和性的自我表达需要。随着人类工业的文明，音乐与时装的传承与创造开始逐步摆脱极少数权贵自我表达范围的狭小空间，开始融入主流社会关系之中，真正自由的创造性主体不断追求其审美心理和身体线条的自主自愿开放和自在表达，向人性力量的充分释放以及人际交往的更高精神需求迈进，形成了日趋成熟的主流话语方式。

随着音乐和时装自我表达深度和广度延展，其主流话语愈加国际化，便向不同国家、地域和民族宣告人们的交往方式和交往结构，特别是互动者交往行为文化全球化时代的到来。它不仅逐步打破社会阶级、阶层、国度和地理区域的人际互动结构，而且也对音乐和时装的传统交流方式、社会群体结构和人的审美互动模式进行着解构和整合。

正如，曾经的美国第一夫人米歇尔·奥巴马十分考究的时装艳丽而简朴，常搭以现代风格的饰品。在全球经济危机时下，米歇尔似乎以清新却不卖弄的外观表达了一种感性，其所释放出的巨大魅力，不仅成为美国女性穿衣的风向标，也被众多国内外媒体称为"时尚佳人"。她的时装和佩饰，不仅是美国政治的象征，更重要的是打造柔性的人际互动关系、展现新一代美国女性朴素时尚的文化软实力。

21世纪的当下社会，音乐和时装自我表达方式的多样性或多元化发展，均在不断继承和吸收历史的前提下实现自我更高境界的超越和更为朴实无华的表述。也就是说，今天的发展是在不同程度上含有不同历史的某些基因或映像或风格或精神，至少在时空对接下，创作和设计灵感的涌动和历史与现代某种意念的碰撞。不论怎样，这些所反映的可能是其形式上愈加复杂或愈加简洁，或是在内容上更加自我、更加超凡，但其继承和突破的自我表达愈加真切、生动、环保和富有创意，当然也愈加追求风格化的表达。

四、社会功能的共性特点

尽管音乐艺术和时装艺术的发展受不同社会、民族、文化、经济、宗教等诸多因素的影响，但就其整个发展史与现实状貌而言，音乐和时装无不体现着在时代精神共振下二者内在理论、脉络和深层缘由等层面存在诸多相关特征，如追求人性的解放、生活的智慧、文化的力量，当然还有更高境界的自我身心表达等。事实上，这些相关特征存在的背后，便是它们自身蕴含并不断丰富和强化的功能上的彰显，在一定程度上，呈现给我们诸多社会功能上的共性特点。

（一）审美要求

审美需要，其价值在于音乐和时装给人类带来内心的领悟、满足和快乐。而审美经验的获得是其终极目的。

文艺复兴，是对中古历史的复

苏，更是人们自我意识的认同回归。其萌芽于古典，特别是对意大利的雕塑和建筑的兴趣，其崇尚艺术原则的比例和对称，正如罗马建筑师马可·维特鲁威（Marcus Vitruvius Pollio）的身体描述成为自然界中比例最完美的典范，致使服装的裁剪开始试图遵循人体的比例，整体观照人体的流线和特征状貌，如"环状衣领"和"开缝服饰"等特征的表达。

音乐也是如此。文艺复兴时期的音乐艺术与其说是希腊古典风格的再生，毋宁说是新风格的创立。从显贵气派转向大众化；从宗教感情转向崇尚理性和追求人性的发展，强调直接可感的人的心境和感情的表达，与具有神秘、抽象、禁锢感情等因素的中世纪艺术风尚相对立。

如果我们从风格走向上看，文艺复兴时期更加注重音乐戏剧结构的多样性表达。例如，中世纪的单乐章弥撒曲到五乐章套曲结构的正规弥撒，尽管各乐章多半贯穿取自格里高利圣咏的"固定歌调"，但由于固定歌调、单调的"固定节奏"和其他中世纪经文歌的固定性结构模式，其本身宗教礼治给声部表现的多样流动局限到了"单一乏味"的境地，而对于高音声部旋律的生动和节奏的流动性，特别赋予人声表现的线条个性以及在戏剧性结构对称性表达的基础上凸现易变性原则上所形成的四声部新教圣咏，其社会意义已经远远超过了宗教音乐的表达内涵。

上述仅是审美经验获得的重要意义和价值所在。而对于审美需要而言，其经验中还应包括情感的参与，因为这是音乐和时装审美经验的永恒存在；智力活动的投入，台下的观众对音乐和时装的观赏和聆听对象的意识是清晰明了的，思维活动自然积极活跃，能够把自己对审美客体的表演所引起的反应与先前的某些经验紧密联系起来；注意的焦点，目的是从直觉本能出发去敏锐把握音乐与时装在风格上的一致，融合一体一并呈现，音乐映衬下其服装所要表达的内涵和精神自然扑面而来；审美经验的品质，主要是由审美活动中的客体和主体两个方面决定的，审美客体需要具备足以引起主体反应的各种品质，审美主体也必须对客体具备敏锐的感知并"沉浸"于其中。总之，音乐和时装审美经验的获得更多需要建立在亲身体验的基础上，其结果直接指向丰富和充满意义的生活。不过，审美经验的个体差异是音乐和时装审美需要满足的重要方面，对其能够产生决定性影响的是个体所受包括音乐在内的艺术行为表现和人文素养的质量，当然还有所处文化环境的积极影响。

（二）符号象征

音乐体现了音响的文化意义，时装体现了服饰的文化意义，二者的符号象征体现在人类经验发生联系的深层符号意义之中。例如，20世纪50年代，美国诞生了摇滚乐，"猫王"艾尔维斯·普雷斯身穿夹克，内着白色T恤和紧身牛仔裤，手抱吉他，边弹边唱，使身穿紧身皮外套和紧身九分裤的年轻男子与摇滚一起狂热。女式通常身穿素色或碎花连

衣裙，配背心或再加件外套，清爽干练。这种与众不同的时装风格与摇滚乐那种强节奏、重节拍的人声与电子音响符号相匹配，在与生活的叛逆形象和性爱相关的社会经验上形成深层的符号意义紧密关联。

（三）交流

音乐和时装的交流功能与语言不同，它们是特定社会中人们共同理解的一种情绪和态度的传递。在这里，音乐和时装易于被当作社交装饰或配置品，其风格易于形成共同理解的一种情绪和态度，以维系自身的语言表达习惯，并伴随交流内容和方式的不同，不断给予调整。这一功能的体现，仅从西方宫廷上流社会社交中便可一目了然，其音乐和服装所传递出来的无言交流具有强烈的文化力量。

（四）社会角色和规范的要求

在现代社会生活文化中，时装不仅具有社会角色功能，同时也在满足不同社会规范的要求。音乐亦之如此。其不仅符合一定社会角色和社会规范的需要，同时也被用作指令或警号。当然，二者均具有一定意义上的阶层示意功能，甚至有严格的阶层划分，其更多表现在 18 世纪之前的社会、宗教和不同仪式文化中，以树立皇室或社会机构和宗教意识的权威。

摄影：陈曼

第三节 音乐风格与时装风格

何谓艺术风格？也许从一个多侧面、多角度出发来感知、把握这一概念更为适宜。我们可谈及历史时代或时期的国际风格，可以谈及一定流派的民族风格，还可以谈及某一位艺术家或艺术家组织的个人风格或组织风格。但在所有情况下，风格所指的还是把有多种面貌及其诸多具有关联性的现象，连接成完整的客观艺术统一体。而这种统一又是以亲密的、极为细致的线索样式，以这样或那样的方式贯穿于作品的各个方面，渐之以形成相对稳定的思想倾向、艺术风貌、特色、作风、格调和气派等。这些面貌，集中体现在主题的提炼、题材的选择、形象的塑造、体裁的驾驭、艺术语言和艺术手法的运用等方面。

艺术风格的主要特征，更多体现在个体性与社会性相统一、稳定性与变异性相统一、一致性与多样性相统一等，其本身具有时代性、民族性和阶级性（在阶级社会里不可避免地打上阶级的烙印）。当然一个时代也有一个时代的艺术风格，这是由于人们在一段时期内受到共同社会核心价值的影响有着比较接近的审美趋向，如18世纪法国流行着装饰味道极强的洛可可风格，而这一时期的音乐艺术则更加讲究装饰和声、旋律富于华彩、多样化的配器手法等诸多特点。

与其他艺术形式一样，音乐和时装的风格同样是在艺术上统一的最高形态。这种统一体既表现在主题元素、音乐/时装语言上，还表现在形式构成中，通过作曲家和时装设计师作品的形象结构及其创作/设计传统表现出来，当然也在作曲家/服装设计师对待生活、对待大众流行、对待表演者的态度中表现出来。如果再有影响音乐风格和时装风格的要素，自然就应包括作曲家/设计师的世界观、生活经历、性格气质、文化教养、艺术才能、审美情趣等诸面貌，因而有着各不相同的艺术特色和创作个性，形成各不相同的时尚风格。

一、风格元素的相互趋同

时代或社会主流的价值观念和文艺思潮决定了音乐和时装的发展趋向和流行时尚。也就是说，音乐风格和时装风格在某一段时期内受到共同社会核心价值观念的影响，自然易于形成比较接近或相似的审美趋向。

例如，源于19世纪早期的欧洲浪漫主义风格，是近年来服装流行的主流，它主张摆脱古典主义［一种源于18世纪的法国古典艺术，以画家大卫（David）为代表，其艺术形式和内容上多以古希腊罗马为借鉴的楷模，风格典雅、端庄］，过分强调简朴、均衡的某些理性主义趋向，反对艺术上的刻板僵化；它善于抒发对理想的热烈追求，积极发挥人的主观性，表现激烈奔放的情感，常用瑰丽的想象和夸张的手法塑造形象，将主观、非理性、想象融为一体，其作品更具个性，富有生命的活力。这一风格特征，我们仅从肖邦和李斯特（Liszt）的钢琴作品中便能够得出。

被誉为"钢琴诗人"的肖邦和"炫技大师"的李斯特均为19世纪浪漫主义时期杰出的作曲家，他们都能很好地吸收德奥传统，同时融入自己民族的音乐精华，如肖邦的波兰舞曲、玛祖卡舞曲等一些乐曲充分体现了这一点。而李斯特《匈牙利狂想曲》，也让我们对其民族性的表现有一宏观印象。肖邦的钢琴音乐，以精致的装饰音和轻巧玲珑的快速走句为特点，注重钢琴音色的发挥，因而它的作品诗意浓浓、细腻委婉，令人回味无穷。李斯特则偏向于运用交响乐的构思方法来创作钢琴音乐，他的作品往往气势恢宏、直率粗犷，和声序进和布局与乐队配器直接关联，复调中各主题的对比合理地被视为各种乐器间的冲突与交融。

对于 1825~1845 年间的时装发展，常被认为是典型的浪漫主义时期，其时装的特点是细腰丰臀，大而多装饰的帽饰，注重整体线条的动感表现，使时装能随着人体的摆动而呈现出轻快飘逸之感。

再如，在各种文明与文化处于高度发展的 20 世纪中后期，人类试图使自己从多余和烦琐中解脱出来，出现了一种被称为简约派的音乐和时装风格。它是一种被建筑师、画家、音乐家、作家和时装设计师们在过去一些年中不断提及的现象，也就是从其烦琐的设计和创作中逐步解脱出来，其标志着一个成熟的过程的实现。这在时尚与当代艺术的理想主义运动中，"简约"已经成为一种思想理念或呈现方式。简约主义的创作和设计不断采用最先进的技术，并保持自然材料的原始形态，从感觉上尽可能接近材料的本质，构筑艺术形式本来的意义。通过这种最简约的表达手段达到最好的表达效果，一直是时装领域设计师们的目的。

事实上，在图像、形式、装饰和声音过度饱和的时代，如何尽可能地减少和筛除、如何在不变中求变、在平淡中求新奇、在简单中求细节的丰富成为最有说服力的举措。

重复是简约派音乐的基本特征。一般情况下，以始终保持同一节奏片断为突出特点，并优先地围绕几个音不断反复、不断变化。其代表作曲家为美国的特里·赖利（Terry Riley）、菲利普·格拉斯（Philip Glass）、史蒂夫·赖克（Stere Reich）、爱沙尼亚的阿尔沃·帕特（Arvo Part）、英国的麦克尔·尼曼（Michael Nyman），当然还有简约派最为著名的作曲家、三次荣获格莱美最佳古典当代作品大奖的约翰·亚当斯（John Adams）等。

2006 年整个国际服装界的流行趋势可以用两个字来概括——简约，由于人们日益厌倦纷繁喧嚣的城市生活，简单、内敛的生活主张开始受到大家的推崇，这与上述诸多作曲家所提倡的简单、质朴、自然思想的表达不谋而合。如今，表现简单、内敛生活态度的"反时尚风格"在西方一些国家正在流行。在巴黎的香榭丽舍大街上，有一些时装店引入了"禅"的灵感，由天然石料、玻璃、竹子等构筑的店面带给人们质朴、轻盈的感觉。这种质朴自然的感觉还将体现在 2006 年服装的面料上，它们或轻柔飘动，或蕴含闪光效果。

随着时代的发展、思想的解放，人们更注重追求个性的诠释，而这正是人性不断解放、文化力量不断凸现和生活品质不断提升的重要标志。那种由一种风格统领一定时期的时代已经不复存在。20 世纪 90 年代以来，人们已经进入了一个追求个性与时尚的多元文化时代，各个历史时期、各个民族地域、各种风格流派的服装相互借鉴、循环往复，传统的、前卫的、各种新观念、新意识及新的表现手法空前活跃，具有不同于以往任何时期的多样性、灵活性和随意性。其间，人们更看中的是自己的生活方式及自己所属的那个团体的特征。如今，人们听赏的音乐和平日的着装，不只是要表现一种音响和视觉效果，更重要的是表现一种生活态度、一种观念和自我情绪。因此，作为时装动态表现的模特或流行时尚的诠释者，应对多种审美意向和个性或团体需求保持高度的敏感，并能够透过流行的表面现象，掌握其风格与内涵，其生活和工作的智慧便永久闪烁于其中。

二、风格元素的相互映衬

风格，如时装设计风格，即设计的所有要素——款式、色彩、材质、配饰等，是由众多体现于其中的元素表现出来，形成统一、充满魅力、鲜明倾向性的外观效果，并在瞬间传达出设计的总体特征，其本身具有强烈的感染力，以达到见物生情，传递设计师的时装精神。

在众多风格元素中，最重要和最突出的可能存在三个方面：主题元素、语言和结构，这三者共存于音乐和时装之中，并相互映衬、相互关联，形成艺术的统一体。

（一）主题元素

所有音乐和时装的作品均拥有与众不同的主题元素，其揭示的是主题内涵或核心创意，由主题材料构成，直截了当地展现用特殊的语言手段加以艺术修饰的创意反映。

主题元素，是用音乐和时装语言的具体手段进行陈述的，其本身不仅含有独立自在意义的明确形象或立意，又在力度上蕴含"暴发性"动因，产生扑面而来的种种冲动和肯定。同时，易于形成了一定的结构——无论是以旋律形式/款式色彩形式出现的主题元素的直接体现者（完整的主题），还是整部作品的主题结构。在主题元素中，由各组成部分形成总体，体现具有形象内容的思想，也就是说，既是音乐/时装语言手段有表现力的、突出的组合，同时又是构成形式的自我发展规律的力量。

例如，田园主题风格元素，主要以追求一种不要任何虚饰的、原始的、纯朴自然的美。现代工业中污染对自然环境的破坏，繁华城市的嘈杂和拥挤，以及高节奏生活给人们带来的紧张繁忙、社会上的激烈竞争、暴力和恐怖的加剧等，给人们造成种种精神压力，使人们不由自主地向往精神的解脱与舒缓，追求平静单纯的生存空间，向往大自然。而田园主题的音乐材料简洁明快、清新自如，宛如潺潺溪水、高山清泉的天籁之音。纯棉质地、小方格、均匀条纹、碎花图案、棉质花边等都是田园风格中最常见的主题元素。

（二）语言

语言，更多是音乐语言和时装语言所指。众所周知，这两种艺术形式的语言本各异，如运用音高、音阶、音程、和弦、装饰音、曲调、节奏、速度、力度、音色、和声、曲式等陈述手段，进行音乐语言多情的表达。而时装是运用布料、色彩、线条、款式、配饰、裁剪等陈述手段，进行时装语言效果的表达。但是，二者的形式语言中着实蕴含着诸多共性元素，如色彩、节奏、装饰、比例、样式等，而这些恰是围绕主题元素形成鲜明倾向的外观效果，并在瞬间传达出设计风格的总体特征，以达到听音触情、见物生情的美妙联想，传递创作和设计的思想。

例如，基于田园主题元素，其语言多半以崇尚自然而反

对虚假的华丽、烦琐的装饰和雕琢的美为主。语言本身摒弃经典的艺术传统，追求田园一派自然清新的气象，在语言情趣上不是表现强光重彩的华美，而是纯净自然的朴素，以明快清新具有乡土风味为主要特征，以自然随意的音响/款式、朴素的色彩、富于节奏变化的流动布局，表现一种轻松怡淡的、超凡脱俗的情趣。作曲家和设计师从大自然中汲取设计灵感，常取材于树木、花朵、蓝天和大海的语言元素，把触角时而放在高山雪原，时而放到大漠荒岳，虽不一定要染满自然的色彩，却要褪尽都市的痕迹，远离谋生之累，进入清静之境，表现大自然永恒的魅力，为人们带来了有如置身于悠闲浪漫的心理感受，一种悠然之美飘逸轻柔。

（三）结构

结构，多半从创作和设计上着眼于音乐作品的结构和时装的结构。由多层面的结构组织，如音乐的曲式结构、体裁结构、戏剧结构等；时装的比例结构、图案几何结构、效果结构等。"结构"创意在音乐创作和时装设计中的显著特性十分重要，它完全打破创作和设计中的表述性层面，建立平面与立体的中景结构认识，最为关键的是建立背景（核心骨架）深层结构的创意习惯，揭示音乐和时装的构成、音响与样式的构成、戏剧与效果的构成，形成自如表达的结构创意。

主题元素、语言和结构是音乐和时装的主要风格元素，但它们本身是相互映衬、相互关联，形成音乐与时装艺术的统一体。但是，每一种风格的这些特性或元素表现都有其先决条件，都是在往昔创作和设计的各种可能性中不断积累、沉淀、发展起来的，既来自往昔历史上进步的、革新的成果，而它们自身又含有形成未来风格新特点的潜在可能元素。

第四节　现场音乐与时装动态表现

一、现场音乐营造和释放的心理环境与联觉对应关系

　　从美学层面讲，为服装表演所用音乐往往处于模特意识域的边缘，或者说属于深层心理学所说的无意识领域。从包括模特在内的欣赏者主体来看，下意识地感受着时装音乐，观赏沉浸于其中的模特的时装展示和款款台步，品味释放出无尽的时装创意和主题韵味。其中，音乐所营造和释放出来的心理环境，易于将时装观赏者限制在时装主题蕴含的风格外延的范围内，直接强烈地引导观赏者去感受设计师的主题、语言和结构，形成时间和空间的时装观念的互动交流，捕捉设计师时装风格所传达的精神内涵。

　　这样的音乐环境，对于模特和观赏者而言，其整体音响与时装动态表现之间更易于发生诸多联觉关系。如与现场音乐的音高、音强、时间、紧张度和新奇性体验相关的联觉，便在瞬间一并爆发，呈现在模特和观赏者的想象世界中。

　　现场音乐的音高与 T 台灯光的亮度，与激发起模特和观赏者神经兴奋的程度，与模特在 T 台上走动的空间知觉的感受水平等的联觉机制。就是说，当某一风格的时装立身于模特身上时，与其风格处于绝佳匹配以达成融为一体的音响状态下，现场音乐音高的水平往往与明亮的灯光协调搭配，或晶莹剔透，或纯净无瑕，或出水芙蓉，或艳阳

高照……模特和观赏者易于形成一种更加清澈、细腻、敏锐、高品质的神经兴奋，与模特在 T 台上那种高贵、唯致的步态所获得的空间知觉感受水平的匹配。

　　现场音乐的音强与时装风格所释放出的张力强度，与激发起模特和观赏者神经反射强度感、与模特在 T 台走动的身体动态表现水平等的联觉机制。如时装风格所需的现场音乐表现得亢奋激越、灯光对比强烈震撼，其声光音响环境易于形成无限的刺激，极具威慑力地影响着模特和观赏者的神经反射强度，同样极具威慑力地影响着模特在 T 台走动的身体动态表现水平，形成体态和神态上易于释放出夸张的冷峻和野性。

　　现场音乐的时间感与时装风格所需的空间延展水平，与模特在 T 台上的整体活动状态，与模特的神情注目水平等的联觉机制。顺滑、飘逸、洒脱、犹如梦幻的时装风格下，其涓涓潺流、迭迭有致、连绵起伏、逶迤千里的天籁音乐在整个时装展示现场的空气中弥漫、空间里流动。这一和谐的艺术风格统一，易于传递给模特一种固有的 T 台活动状态，也就限定了那样一种神情注目的感受水平，以达成整体上的时装动态美感。

　　现场音乐的紧张度与时装风格主题的期待水平，与时装的宽松水平、与时装的图案色彩和线条流动、与模特的知觉感受程度等的联觉机制。性感超然、线条冲动、性符号图案暗示水平显然等风格主题的睡衣时装，易于形成一

种直接快慰、质感诱惑的性刺激，对与之外观的视觉映像和内在气质统一的音乐提出的高要求，追求音乐表现的动态节律，易于造成一种趋于紧张的音响状态，模特的知觉感受程度，特别是在 T 台上的感受表现，形成与之匹配的状态，是这一联觉机制提出的要求。

现场音乐的新奇体验与时装创意的风格元素匹配水平，与推行的时装语言的时间变化频率，与设计师整体风格的关联性水平，与模特捕捉和把握敏锐的独特的音乐审美感应能力水平等的联觉机制。现场音乐的新奇性是普遍存在的性格表征，而这往往与时装创意中风格元素的核心表达一致，甚至更能够增添时装的神采和韵味。当然，与设计师所推行的时装语言的时间变化频率有着直接关联。也就是说，现场 DJ 所选创的音乐，其新奇程度的闪现越强，设计师推行的时装语言的时间变化也就越快，给模特和观赏者的视觉刺激所形成的反应就越敏感强烈。而此时装语言的时间变化频率，越易于与设计师整体风格表现形成关联，敏锐把握、深刻体悟设计师时装语言的变化根据和突破，特别是在设计师恒常的风格统一中这些变化和新奇的价值和意义。而所有这些，均以模特捕捉和把握敏锐的独特的音乐审美感应能力和水平一致发展。因此，发挥这一联觉机制，对于模特成长和成熟而言，至关重要。

二、音乐流动中的时装动态表达

时装的动态表达所传递出的美感特征，通常包括具象的动态感、抽象的动态感和随时间变化的演进美感这三个方面。所谓具象的动态感，是指能够被观赏者的视觉造成直接刺激，进而观察和感知得到，是现实中确实存在的"动"。如时装着身于模特身体之上，随着现场音乐的环境，T 台模特体态的运动而流动起来。其这一具象的动态美感正是时装和时装音乐存在的本质表达之一。对于抽象的动态感，一般

是指时装的风格元素和构成要素作用于模特和观赏者的视觉心理所造成的某种"动"，这种动态美感并非如前者那样是现实中的具体存在，而是"静中之动"所营造成的一种似动现象。如布料、色彩、图案、线条、质地、款式、配饰等要素的不同搭配和组织，而这易于与诸多艺术语言要素相互关联，给模特和观赏者造成长短、远近、高低、大小、哀乐、刚柔、快慢、硬软、疏密、清浊、浓淡、薄厚、粗糙细腻、阳光阴暗、倔强温柔、棱角圆润等外观表象和心理体验。所有这些，无一不是这一动态的表征，是在无限变化的流动过程中展现其存在的形态，渐之以达成某种态度，激发起人的世界无限的心理活动和生活品质的向往与追逐。其三，是随时间和时代变化的演进美感，展现人性的解放和审美的丰富，实现自我的表达。其更多体现了人、环境、社会的宗教、心理、地位、风貌和科技变迁存在的多重关系。

在音乐中，随着清新柔和的灯光开启，悠扬轻快的音乐伴着阵阵油菜花浪潮的浮动，轻松、活泼、富有浓浓的田园风格的旋律，顿时回响在一场田园风格主题的时装展示会上。此时，训练有素的模特会让自己的听觉、动觉和心悸瞬间互动起来，心随时装主题和音响而动，轻松且积极的神情，伴着向前的矫健步伐，仿佛沉浸在广袤的油菜花海、蔚蓝的湖水、温暖的阳光，骑着明快的自行车行驶在弯弯曲曲的公路上一般。刹那间，在T台上的模特流畅自如、自然浪漫、闲适飘逸、悠然轻柔，传达着无尽田园风光，与观赏者进行着时空的观念交流。与此同时，田园主题的时装音乐，立足于音乐传达的田园态度，讲究观念上的互动和节奏动律，与这一主题的时装风格、模特的纯净朴素、明快清新的表演融汇贯通，完美诠释设计师的主题时装创意。

当然，现场音乐在时装动态表达中的音效也是十分重要的。如果说音乐的主旋律是对时装风格和个性特点的环境定位，那么采用适合的配器和音响效果，最大限度地发挥现代电子音乐的音响情景和时空变换手段，可进一步诠释设计师创意中的时装的质感，让观赏者欣赏到时装动态效果的同时，犹如身临其境一般的真切触摸到时装材质的光滑与粗涩、轻柔与厚重等。

谈及当前流行的电子音乐手段制作出的各种音响效果，特别是根据现场环境的某些现场电子创作，可更加富有神采地营造出高山流水的绵长、漫天飞雪的飘逸，深山幽谷重金属碰撞的清脆泛音、古堡幽灵的诡异神情等等。这样的音效风格，也正是今天诸多时装设计大师通过时装外轮廓的夸张、色彩的冷暖、线条的曲直、色块的层次渗透与结构重叠等营造时装观念中的风格主题意境。面对类似的时装动态表演，其选编的音乐往往更加注重观念的表达和态度的延展，明洁清晰的节奏似乎顿然无存，模特的T台表现难度被无形扩大，因此在表达中形成沉浸于风格意念的内心动律似乎十分重要，把握它，便可完美表达出设计师风格和模特演绎出的时装精神。

第五章　服装模特的形象塑造

第一节　形象塑造的意义

　　随着人类文明的不断发展和进步、时尚对社会经济高速发展的影响和推动，人们的生活形态和生活方式也随之日益趋于讲求品位、追求变化、提倡格调。尽管时尚在不同的历史阶段有不同的社会、政治、文化的内涵，然而一旦形成，便具有不可抗拒的巨大力量。尤其在经济飞速发展的中国，人们的消费支出行为已经逐步转向时尚性、娱乐性、健康性消费，特别是在服装领域，时尚对服装的推动作用不但形成了无法抗拒的流行趋势，更在经济理论层面得到了强力支撑。

一、形象设计的概念

提及形象设计的概念，首先必须要明确何谓"形象"，何谓"设计"。

"形象"（Image），属于艺术范畴，泛指占有一定空间、具有美感的形象或者是使人通过视觉来欣赏的艺术，其可概括为创造出来的物体或人物的形象。在《辞海》中被解释为形状、相貌及根据现实生活各种现象加以选择、综合所创造出来的具有一定思想内容和审美意义的具体生动的图画。由此可见，"形象"的含义应从广义和狭义两方面来概括。前者是指人和物，包括社会的、自然的环境与景物；后者专指人。

"设计"（Design），含有徽章、记号、图案、造型、形式、方法、陈设等之意；在《辞海》中被解释为根据一定要求，对某项工作预先制定的图样和方案。

就"形象设计"而言，其从属于现代艺术设计的范畴。故此，它是集现代设计之共性和自身特点于一身的艺术造型形式。它的构成形式即是运用各种设计手段，借助视觉冲击力和视觉优选，而引起心理的美感判断，并着重于研究人的外观与造型的视觉传达设计。

在当今社会，虽然"形象设计"一词已经渗入各行各业甚至普通人群中，但是无论在专业书籍还是在报纸、杂志中都较少对其概念进行确切的界定。所以在我们分别明确了"形象"和"设计"的含义之后，再从广义和狭义两个角度进行概念诠释，能够更加清晰人物形象塑造的内涵和外延。

广义上讲，形象设计是指在一定的社会意识形态支配下而进行的一种既富有特殊象征寓意又别具艺术美感的衣着妆扮的创造性思维与实践活动。它以体现人的社会属性为首要目的，审美属性为其次。

狭义上讲，形象设计是以审美为核心，依据个人的职业、性格、年龄、体形、脸形、肤色、发质等综合因素来指导人们进行化妆造型、服装服饰及体态礼仪的完美结合的创造性思维和艺术实践活动。简言之，即按照美的创作规律进行衣着妆扮。该概念与广义概念的差别是，它以体现人的审美属性为首要目的，社会属性为其次。审美属性一方面在于它与人的自然形体融为一体，表现人的外在美；另一方面它又要与人的气质、性格、思想、情趣、爱好等相适应，表现人

的内在美。因此，可以将其视为是人的内在美与外在美的综合产物。

二、服装模特进行整体造型设计的意义

作为一名服装模特，在面试和排练、影像拍摄、视频录制、品牌推广、时尚发布等典型性专业工作过程中，以及除此之外的参加专业大赛、接受媒体采访，甚至是模特在自媒体平台露出的衣着装扮、行为举止等，都需要依据自身的整体条件、结合流行趋势、针对不同角色设定和表现意图，进行具有职业特质的整体造型设计。

事实上，服装表演是一门综合性较强的实用艺术，是服装企业或者时装设计师用以向消费者展示品牌及产品发布、服饰文化的传播方式和途径，是整个服装产业链中重要的营销环节。一场服装发布会的基本构成，包括了舞台美术设计及搭建、灯光设计和音乐编辑、模特甄选和现场统筹、化妆及发式造型设计和制作、后台管理、影像拍摄、媒体宣传、视觉设计和制作、现场公关等系统化的策划、组织和执行。由此可见，时装模特在时尚发布中的位置和作用，同时，由于自媒体传播效应的愈演愈烈，职业模特对于自身的包装和推广，不再仅仅局限于模特经纪公司的常规运营，而是借助影响力较大的社交网站等，进行立体化的个人标签设定和形象维护，从而做到自我营销。诸如此类，职业模特的个人整体造型设计的意义和作用不言而喻。

纵观其他时尚产业发展较早的欧美各国，用模特来推销时装商品，甚至以专门的模特学校进行模特专业训练早有所为。一些西方著名影星如格雷斯·凯莉（Grace Kelly）、波姬·小丝（Brooke Shields）等，在她们从影之前都有一段模特生涯；而索菲娅·罗兰（Sophia Loren）这样的大牌明星，也曾从银幕步入T台，应邀为法国担任新装模特；辛迪·克劳馥（Cindy Crawford）、吉赛儿·邦臣（Gisele Bundchen）、凯特·摩丝（Kate Moss）等他们也相继在"新面孔"的各个历史发展时期留下了浓重的一笔。在当下超模们已经不仅仅满足把脚步迈在T台上，同时他们把脚步也迈向了世界娱乐的舞台上，如拍电影、出唱片，超模们尽情地绽放着自己

的光彩。在国外，继加拿大超模艾瑞娜·拉萨雷（Irina Lazareanu）一展她那沙哑细软的歌喉之后，阿格妮丝·迪恩（Agyness Deyn）和黛西·罗易（Daisy Lowe）如今也在尝试闯荡音乐界；看国内，瞿颖、胡兵、于娜等都纷纷出版了自己的唱片，并大多在各大榜单上榜上有名，拍电影、做慈善、出席各大音乐颁奖典礼，几乎每个娱乐的角落都能找到他们的身影。这些国际知名的模特们，不仅具备了相关领域的专业素养，而且，无不例外地以自身独特的职业形象扎根于大众的意识中，并不可磨灭。

此外，对流行时尚特殊的敏锐度和理解力是服装模特必须具备的专业素养，形象设计专业知识的掌握为这种能力的培养提供了基础平台。众所周知，奔波于时尚之中的模特们不只是影响时尚的重要角色，更重要的是他们要在欲罢不能之中解读时尚、阐释时尚、融入时尚。意大利著名时尚大师乔治·阿玛尼（Giorgio Armani）先生曾经扬言，我的时装从不需要任何一个超模来造势。但2008年的春夏季，他似乎违背了自己的誓言，选择的不仅是超模，而且还是最炙手可热的那一位——阿格妮丝·迪恩来为其做春夏广告的主角，让一向固执的大师能够情不自禁地选择这位超模，魅力可见一斑。这位常见于媒体并一贯梳着凌乱的金色短发、脸部轮廓分明、肤色白皙且目光无邪的假小子，不但在这一季阿玛尼的广告中独当一面，还瓜分了巴宝莉宣传照上的重要位置。在年初，英国 *Tatler* 杂志评选出的最佳穿着名单中，阿格妮丝·迪恩轻松击败了连续两年排名第一的时尚女王凯特·摩丝荣登榜首。她甚至初来乍到就横扫各种时尚杂志的封面，连《时代周刊》也甘愿拜倒在她的裙下。不但如此，英国著名的人形模特制造公司 Adel Rootstein 也在她身上打起了主意，推出了一款以她为原型的玻璃纤维模特，据悉，这批等比例的"阿格妮丝娃娃"不久将会在世界各地的 ZARA 时装店橱窗里为品牌带动人气。随后，那些闯荡时尚圈有些时日，但却仍旧半红不紫的模特们也学着她的样子，争相剪掉长发，变成一个又一个翻版，企图搭上这班蹿红的快车，却始终只能貌似神离。事实上，从时尚影响力上来说，阿格妮丝·迪恩与生俱来的敏锐触觉，早已超越了那张与众不同的脸带给人们的深刻印象。这仅仅是一个成功的案例，但却昭示出服装模特应有的职业风范。流行时尚的敏锐触觉和全新的时尚审美情趣造就着一张张崭新的时尚面孔，也预示着下一个超模时代的即将来临。也正是T台上拥有着常见常新、五官独特、气质不凡的时尚达人，才使得时尚舞台缤纷多彩。

总之，服装模特的整体形象规划和设计是其在时尚领域中获取一席之地的重要手段之一，也是其进行职业规划和拓展专业的重要技巧之一。借鉴一下活跃在国际各大时装周秀场以及穿梭于国际各大时尚之都的时装编辑、时装买手、时尚博主、意见领袖等达人们的装扮意识，我们就不难发现，个性的装扮、不俗的品位、超前的意识、趋优的选择是赢得公众趋同的绝佳手段，同时更是服装模特的必备专业智囊。

第二节 典型工作情形中的形象策划

一、面试情形中的整体形象策划

面试工作是模特典型工作的开始，越来越趋向于专业化、规范化、国际化的面试环节顺理成章地对模特的要求更加严谨和苛刻。故此，面试之前对所要面试的客观对象的背景和基本要求的通晓，以及面试过程中对自身形象和精神状态的调整是较好地完成此类工作的重中之重。

（一）在妆容上要精心、自然

面试与演出的不同，没有表演的舞台和灯光，与选拔模特的面试人员，如公关公司、品牌客户、编导等相距较近，因此简洁、自然，能看清五官轮廓的妆容为宜。发型也不宜夸张，只需将头发打理整齐，露出面部轮廓即可，以便面试者能够从模特的基本形象联想到最终造型效果。此外，一些品牌客户在面试前会有特殊要求，比如，需要模特素颜，或者需要模特梳理披肩长发等，模特经纪人也会对模特做出相应通告。

（二）模特在面试时的正确着装也是其礼仪修养的重要体现

面试服装的恰当选择，对于模特身型可以起到取长补短的作用。一般而言，模特选择黑色紧身服装面试，尽量露出肩颈和手臂；裤装长度应在穿上高跟鞋后差 1~2cm 到达地面的位置；如果穿裙装，应选择收身短裙，腿部略粗者可配黑色长筒丝袜；黑色高跟凉鞋，鞋跟长度在 10cm 左右，尽量选择露出脚跟、脚背、脚趾的高跟鞋，以获得更好的视觉效果，使腿部具有一定的延伸感，同时也使人显得步伐轻盈；摘掉身上的配饰，以简洁、干净的形象面试，以免凌乱的配饰分散客户注意力；面试之前有必要了解被面试品牌的相关基本情况，如品牌风格、品牌以往选用的模特类型、品牌的竞品等，这样使所准备的面试装束能够得体并与品牌匹配，不要穿着有明显品牌商标的服装面试；专业的模特经纪公司会为旗下模特专门定制面试服，这样也可以避免面试服出错。

（三）面试时带上个人资料夹

以专业标准要求自己的模特会在面试的时候带着自己的资料夹，其中应是关于自己的文字介绍，以及诸如头像和泳装照片（正面、侧面、背面）、不同造型风格的照片、近期最具代表性的照片，当然已经刊登于时尚类杂志，或者为某品牌拍摄的产品目录或宣传广告等图片则更具说服力。资料夹里的图片要随时更换，作为一名职业模特应该拥有很多的图片和视频资料，在了解了一个面试的背景之后应该积极主动地去整理这些资料，有针对性地选择合适的照片来更新自己的资料夹。

（四）良好的言谈举止可以体现一名职业模特的文化素质

到达面试现场后，模特就应保持安静，为面试做准备。模特面试与正式演出不一样，面试时，模特要展现出自己的自然、亲和的一面，同时也可以借助微笑与客户进行无声的交流。在面试的过程中，可先以自然状态的表情或按客户的要求进行展示，在展示结束后要向客户鞠躬致谢，这是体现一个模特礼仪修养的关键环节，也会让整个面试的过程显现得十分愉快。如果客户提出问题，回答时要逻辑清晰、言简意赅、流利通畅，在举止方面，要控制仪态、稳重大方、面带微笑。在与人交往中要本着尊敬他人的原则，礼貌待人。

二、试装情形下的形象策划

试装是设计师与模特直面沟通的重要环节。设计师会依据品牌的设计理念以及对模特的要求，来为每一款服装选配合适的模特，每一位模特有可能试穿数套不同服装以供设计

师甄别。在确定参演模特名单后，导演会配合设计师根据模特的特点把服装分配好，使每件服装和模特完美的结合，以保证演出的效果。通常情况下，所有模特会被通知在同一时间到达同一地点试装，按照服装的系列的顺序来分配，这样的试装会持续一段比较长的时间，但是方便服装的调换，这是国内比较常见的试装方式。国外还有一些国内高级定制的品牌会把参演模特约在不同的时间进行开放式试装，每个人到达后试穿自己在表演中要穿的所有服装。无论是哪种形式，模特都要注意以下几点：

（一）不要对服装妄加评论

每一位模特在其职业生涯中，会遇到很多个性不同、工作方式有别的设计师，以及风格迥异的各式服装。由于各人审美习惯和品牌认知的差异，就会出现模特对于设计师或者服装的不同判断。但每件服装都是设计师的心血，所以模特不应妄加评论，这是一名职业模特最基本的职业操守。模特的任务和职责就是表现好每一套服装，一名称职的职业模特不会把个人的感情色彩带到工作中去。

（二）保守服装商业机密

在一场演出开始前，所有的服装信息都是商业机密，作为职业模特，要有保守商业机密的意识。在试装到演出的开始的一段时间内，不可在自媒体中透露服装的任何信息，也不要随意着演出服装离开后台。

（三）不要随自己的意愿挑选服装

试装的时候，每套服装都是事先排好顺序并且有记录

的，导演会把服装分配给适合的模特，模特私自去挑选服装是被视为极为不专业的一种表现，会给工作人员留下非常不好的印象，并且可能会给大家的工作带来麻烦。

（四）及时与设计师沟通服装情况

不知道如何穿着或者穿上后觉得不协调，要及时询问设计师，设计师会帮助模特来穿着。如果遇到服装有破损、拉链坏掉或者尺码不合适等情况，也要及时通知导演或相关人员进行修补或调整，不要因为粗心大意而在演出中丑态百出。

（五）爱惜演出服装

作为一名职业模特，必须十分爱惜演出服装。在试装时要十分小心，千万不要用力地扯拽，以免损坏服装。不要将脸上的妆粘到服装上，可以先将自己准备塑料袋套在头上，再换服装。穿着演出服装后，不要坐卧，以免使服装产生褶皱，影响服装美观。不要在试装时喝水、吃东西、抽烟，不能随地吐痰、吐口香糖，不要乱扔废弃物，以免弄脏服装。

（六）要和穿衣助理沟通

模特拿到自己分配的服装以后，可以让穿衣助理来协助更换。当然，一位穿衣助理可能要同时负责几名模特，要和穿衣助理进行沟通，协调合作。确定下来演出要穿的衣服要交给穿衣助理保管，不要忘记饰品和鞋子。每次工作完成后，模特应主动帮助穿衣助理整理服装，并致谢。

三、排练情形下的状态表现

排练是模特熟悉和体会音乐节奏、行走路线、表演形式、服装感觉，并确保演出成功与否的环节，模特要根据导演的编排完成在T台上的线路，并且运用表现力贴切地表达出服装的感觉。但是，此环节往往也是客户和编导再次筛选模特的关键时刻，所以，应该像对待正式演出一样来处理排练情形中的精神状态，同时仍要注意自己的整体形象。

（一）熟记自己的线路

模特在排练时应该准备好笔和纸来记录路线和造型的位置，有经验的导演也会发给模特舞台平面图来帮助模特做更详细的记录。如果演出路线非常简单，那模特只要记住服装顺序、出场顺序、出场口、退场口、台上造型的位置就可以了。

（二）保持认真的状态

不管是编排队形还是联排，都应该保持和正式演出一样认真的状态，把自己对服装的理解和诠释表达出来，每一个造型都要做到位，以便导演和设计师事先联想演出效果，或对你的造型及时提出修改建议。排练时禁止打电话、发信息、闲聊天，甚至抽空打牌、玩游戏机，这些都会影响模特对队形的记忆，影响服装表现力。

四、演出工作的状态表现

（一）演出工作的第一步：化妆造型

化妆和发型的设计制作是为了使模特的形象与服装更加搭配，是服装表演中

一个重要的环节。造型过程一般在演出开始前半小时结束，根据模特数量和妆面、发型的难易程度确定模特需要到达的时间。模特在作造型时要做到：

1. 上妆前保持皮肤和头发的清洁

做造型之前，一定要保证自己处在自然的素颜状态，面部要事先涂抹护肤品，保证皮肤水润、有弹性，头发清洗干净，不要喷涂发胶和啫喱，这样便于化妆师和发型师进行工作，因为演出的妆面是根据服装确定好的，模特自己做的任何修饰都可能会影响造型的效果。

2. 不要挑选造型师

模特在作造型时要听从工作人员的安排，不要因为对某个造型师比较熟悉，或者某个造型师比较受欢迎，就擅自挑选造型师。这样容易造成每个造型师工作量的不平衡，增加个别造型师的负担，影响造型时间和效果。

3. 不要擅自修改妆面

每场演出的造型效果都是在造型师、服装设计师以及相关工作人员的商讨下确定的，目的都是为了与设计主题和服装进行搭配。所以，模特不要凭借个人喜好擅自对妆面进行修改。

（二）演出工作的第二步：候场

正式演出前的候场时间对于模特来说十分重要，模特应利用有限的时间对每一个细节精心地检查，并调整情绪。

1. 检查演出的每一套服装及配饰是否有缺少

正式演出的后台，挂放在小衣架上的服装会按照试装工作排列的服装和模特的序列，在龙门架上整齐摆放，配饰也分别放在塑料袋中，与相配套服装挂在一起。鞋子按出场顺序摆放。模特需对照试装照片仔细检查，避免因找服装或配饰而耽误出场时间。

2. 穿好第一套演出服装，检查妆容发型是否需要修补

演出前，模特应换好肉色丁字裤，根据设计师的要求决定是否穿肉色内衣或贴肉色胸贴。及时换好第一套演出服装，然后对着镜子检查自己的服装穿着情况和妆容情况，因为在换服装的过程中有可能破坏妆面和发型，所以后台会有专门的化妆师、发型师和服装师帮模特调整。但如果过分注意自己的形象，在镜子前面耽搁很长的时间，不听从工作人员的安排去排队，就有可能会错过了上场的时间，所以一定要把握时间尺度。换好服装

后不能坐卧，不能随处走动。

3. 候场时要保持安静

由于后台和前台往往只隔着一道木板临时搭建的背景板，此时又是观众和媒体进场的时候，背景音乐声音不大，因此在后台的声音很容易传出来，模特在候场时要注意保持安静，调整好演出情绪是非常必要的。

4. 调整情绪，迅速将自己融入演出氛围中

演出前，工作人员会帮模特在出场口按出场顺序排好队，此时不要过于紧张，尤其对于演出经验不足的模特，要尽量把心态放平静，可以用深呼吸或认真倾听候场音乐的方法来调节情绪；也不能太松懈，太松弛会使人提不起精神，走台时也必定会没有力度，严重影响表现力的发挥，可以在临上场前活动一下面部肌肉，尽快融入现场氛围中。

（三）正式演出

1. 分清表演区

一般而言，编导在排练中就已告知模特走台区域，模特需要严格按照区域路线行走，尤其要注意走在光带内，以免面部暗沉。

2. 台前造型时间

台前造型并非所有场次都有这样的要求，很多品牌设计师要求模特走到台前即刻转身走回后台，但是，如果设计师要求模特在台前做造型，模特则应短暂停留，以便摄影师有充分时间进行拍摄。

3. 随机应变

在舞台上很可能会发生"突发事件"，鞋子脱离、踩到裙角、音乐骤停、灯光熄灭、模特走错位置等情况，因此模特在演出中要保持清醒的头脑和平静的心态，要随机应变，稳妥处理好突发事件。保证演出的顺利进行，这也是模特具备较高的个人素质和较强的反应能力的体现。

4. 掌控场下时间

演出过程中换装的速度很重要，必须要争分夺秒。如果排练时知道自己赶时间，便可从退场口下来后就一边赶到自己衣架的位置一边脱掉自己身上的服装，以节省时间，通常到达自己衣架位置的时候，已经可以开始穿下一套的服装了。换好衣服后，穿衣助理会帮助模特整理服装，戴好配饰。但千万不要多做停留，有些演出换服装要变换妆面或头饰，模特应该积极地去配合化妆师和发型师，准备好后要马上赶到出场口候场。

5. 礼貌谢幕

演出结束后的谢幕及配合穿衣助理整理服装，是必不可少的环节。模特们需要礼貌地向所有观众和演职人员道谢。一场完美的演出是所有演职人员共同协作的结果，由衷的致谢既是对自己工作的尊重，也是对他人的礼貌。

五、影像拍摄工作中的配合

模特在影像拍摄工作中的配合主要体现在，如何面对摄影机或摄像机镜头能够有意识地去感知、去捕捉镜头，从而使自己的特质以完美的角度呈现。换句话讲，就是要通过较强的镜头意识感来传达对客观对象表现意图的充分诠释。

（一）平面拍摄

1. 与摄影师建立和睦的关系

拍摄前，模特应与摄影师进行沟通，了解摄影师的创作意图，激发他们的创作情绪，共同促成杰出摄影作品的出现。

2. 学会听快门声

模特必须懂得如何根据快门的开启声音适时的变换姿态和表情。快门的"咔哒"声音告诉你的是一张照片的拍摄完成。如果想要变换姿势，不要在快门开启时更换。如果听见摄影师不断地按快门声，说明他对你此时的情绪和表演很是欣赏。应该照此状态继续下去，并在按快动门的间隙迅速调整自己，做出最佳表情。如果摄影师因作技术上的调整而中途停顿下来，模特有必要询问摄影师是否有必要保持前一个动作。

3. 理解摄影师的暗示

在拍摄过程中，摄影师的注意力集中于对焦、选角度、按快门上，思维迅捷，有时对模特的要求来不及说，只用某个动作、手势或某种声音表达，即使用语言，也常常是以简单的单词。聪明的模特会从摄影师发出的简短的信息中迅速领会，做出相应的配合动作，这时摄影师与模特之间的配合就会相当的默契，更容易产生令人满意的作品。

4. 学会及时放松

拍摄是精神与形体状态都十分紧张的过程。要获得持续良好的工作效率，模特应学会及时放松。放松的最好时机是摄影师更换胶卷或布置灯光的间隙。这时模特可以原地闭上眼睛休息，活动下肢体，整理头发与化妆，还可以与摄影师交谈一下，商量拍摄的方式。

在间隙的放松时应该注意：切忌在摄影师换胶卷时进食；避免大范围活动，偏离原位；不要有损坏发型与化妆的动作；不可以随意换装；一旦摄影师重新开始，就马上进入状态。

5. 培养镜头感

不是每个人都是完美无缺的，作为一名模特，应该了解自己容貌、身材的优越之处，尽量将令人满意的方面展示在人们面前，对那些不令人满意之处，要学会掩饰。另外模特还应该懂得镜头的透视关系，避免摆出的造型在成像时变得肢体残缺或变形。

（二）动态拍摄

1. 与导演沟通了解脚本

动态拍摄是由一组组镜头组合完成的，之前会有由图片和文字组成的脚本供参与人员了解。模特应根据脚本要求与导演沟通，了解拍摄细节，对自己不满意的角度也要事先提出来，以便及时调整。

2. 表演要自然流畅

模特应根据脚本的要求演绎情节，表演要真实自然。在正式开拍之前会有几次试拍，此时，模特在记路线、台词、表情、节奏的同时，还要迅速使自己进入表演状态。动态拍

摄记录的是一个过程，在每个镜头的拍摄过程中，模特的表演必须流畅，一气呵成，这就需要注意力高度集中。

3. 要有镜头感

模特在表演时要清楚摄像机的机位，在做动作时也要会找角度。在拍远景（或全景）与近景（或特写）镜头时，要求模特运用不同的动作幅度和表现技巧，前者着重于外部形体的表现力，后者则要求丰富的内心体验和细微的面部表现。

六、典型工作之后的关系维护

不要以为演出或拍摄完毕，模特的工作就结束了，一名专业的职业模特应该主动向参与工作的人员汲取反馈意见，不断提高自己；应该适时的和摄影师、造型师、导演、编辑、经纪人保持联系，谋求更多工作机会；应该主动向摄影师或编辑索取拍摄资料，以便积累、更新自己的资料夹。

第三节　非典型工作情形中的形象策划

就服装模特自身而言，拥有良好的外在形象和礼貌修养是获取经纪公司的信任与推广、赢得客户的认可与合作的基本条件。服装模特在服装表演等典型工作以外形象上的细节处理和自身修养礼仪表现，都会通过其生活中不断修炼而来的审美倾向、个人特质、职业操守等体现于其工作中，仅以面试来讲，一个具有职业操守的模特就很清楚针对不同情况如何选择自己的化妆造型和服饰搭配，即便是在穿着比基尼的状态下面试，也很清楚通过怎样的皮肤护理和面部调整来博取客户的认可，以获得更多的工作机会。此外，服装模特在工作以外的形象策划以及待人接物的细节处理又会由于团队合作这一工作性质而与诸如经纪人、客户、媒体、造型师和摄影师，以及模特彼此之间发生密不可分的连带关系，从而，会潜移默化地影响到其工作的顺利与否。所以，作为专业的服装模特，不仅要注意自己在表演中，在镜头前的个人形象和良好台风，还要在意如何用专业的沟通方式与人交往。

一、皮肤的保护

健康良好的皮肤状态是职业模特必备的基本条件。首先，要了解自己皮肤的类型，根据自身肌肤的特点制定适合自己的保养计划。清洁、柔肤、滋润、防晒是必不可少的基本程序，其中清洁尤为重要，卸妆则是清洁中不可忽视的小细节，由于服装模特的职业特点，要经常针对不同的服装风格做不同的造型，不得不接触和尝试不同的妆面和化妆品，有时候带妆时间会很长，妆面也很浓很厚，非常容易引发各种肌肤问题，上妆前使用隔离霜，选择适合自己的卸妆产品和正确的卸妆手法都会起到事半功倍的效果。其次，保持健康的生活状态也是护肤的关键，好的外表来源于健康的身体，充足的睡眠和健康的饮食不但可以使模特保持好身材，还能够带来健康通透的肌肤。最后，在不同的季节更换合适的保养品也是要注意的护肤细节，眼部、唇部的皮肤更为娇嫩，要注意特别护理。

二、头发的护理

富有光泽和弹性的健康头发对模特自身健康的外表形象十分关键。模特在日常生活中要注意对头发的保养，避免让头发过度暴露在烈日、强风、寒冷之下，不要过度梳、洗头发，尽可能地让头发远离有害物质，保持头发原有的自然健康状态，适度修剪头发，尽量不要染烫头发，不要用过紧的橡皮筋、发卡捆扎头发，养成定期护理头发的习惯。

三、手部、脚部及指甲的保养

手部、脚部及指甲的护理也是模特在生活中容易忽略的细节，服装表演时，模特的双手会近距离出现在观众视线中，尤其是当设计师要求服装模特对服装的配饰进行强调展示，或者是在首饰展、手机展等，以及与观众近距离的产品展示中，就对模特的双手提出了更高的要求。因此，经常涂抹护手霜，定期做手部护理，避免

提拎重物，定期护理指甲等是服装模特必须养成的良好生活习惯。

服装模特在展示服装的过程中要行走、站立，会经常出现裸露脚部的情况，这会使其双脚也进入观众的视线，所以，干净、匀直、滋润的双脚就成为服装模特应具备的形象素质了。模特工作时经常要穿着十多厘米高的高跟鞋行走，有时候设计师分给鞋码不合适或不舒服的鞋也要勉强坚持试装、排练、演出，严重的还会把脚磨破，所以在日常生活中应该经常泡脚、修脚、做足部按摩、减少穿高跟鞋的机会，都是很好的护足方法。

专业的指甲护理对女模特和男模特来说都是必须注意的细节，要把指甲修剪到合适的长度，保持指缝的干净。面试时，要提前把之前涂抹的指甲油清洗干净，正式演出时，则依照设计师的要求由造型师统一涂抹指定颜色的指甲油。指甲的护理连同手部护理应该定时在美容院完成。

四、化妆及日常着装

工作之外的化妆是模特的必修环节。由于模特在工作中需要经常化妆，所以在日常生活中出于种种原因就不太注意修饰自己。事实上，在某些场合，适当的化妆不但可以使自己更加自信，更加体现个性，同时也是一种基本的礼仪和素养体现，既可以体现对他人的尊重，又能够改善和突出自己的形象。所以模特在生活中应该学习一些化妆和着装技巧，来完善自己的专业形象。

对于着装细节的关注，人们并非一朝一夕能够把握，所以在平日中的知识积累、时尚资讯的搜集、个人基础形象条件的分析等，都是进行个人日常形象设计的参考和借鉴，这样便能够提高自己的审美能力和着装品位，既可以使自己的专业形象有所提升，又能够在工作中更好地诠释服装的设计语言。

此外，内衣的选择也是尤为重要的细节考虑，有品质的内衣是体现服装模特职业水准和格调高低的必要因素。服装模特经常参加试装工作，为自己选择有品质的内衣会在无形中为自己的身形再次塑造和完善，以此提升自己的形象和自信。选择适合自身形体情况的内衣，注意内衣的干净整洁，及时更换过时的旧内衣等细节便可达到塑型的良好效果。

五、香水的使用

众所周知，香水、香精和香料都属于具有一定香气或香味，并被人们嗅觉器官所感知。作为独特的文化形式，香水的发展演变历史久远，因此它也如同服装一样渐渐成为一门学问，所以香水的发展、使用等常识便成为服装模特的必修常识之一。

简单地说，液体里香精油含量决定香水的类别，故按照香精含量的多少，香水可以划分为：

（1）parfume，香精或浓缩香水，含香精原料达 20% 以上，价格在香水中最贵，一般需要购买配套的调和酒精。

（2）eau de parfume，香水，简称 E.D.P，原料含量约在 15%~20%，是日常生活中较为常见的一种。

（3）eau de toilette，淡香水或香露，简称 E.D.T，原料含量约在 8%~15%，香水中单位售价最低的一种，容量也较前两类要大，可以浴后使用。

（4）eau de cologen，古龙水，香精含量约在 4%~8%，男性香水一般属于此类等级，男士须后水和止汗香体剂基本上属于这类等级，香味停留时间较为短暂。

（5）附属香，包括香水沐浴凝胶、香水洗发精、香水乳液、香水乳霜、身体香粉、洁肤霜、香浴盐、香浴球、止汗水、精油等。

在使用香水时，通常是先把香水喷于掌心，再利用掌心的热力将香水搓涂于耳后、颈部、手肘内侧、胸口、指尖、手腕、大腿内侧、膝后、小腿、头发、腰部两侧、脚踝等发热多、发汗少的部位；而男性则是将香水用在袖口、肘部、衣角等里层，或者使用在颈部、手腕等内侧靠近衬衣领口或袖口的地方，这样使得香味若有若无，恰到好处。同时，还可以考虑白天使用清淡的古龙水或者香氛，晚间活动使用香水或者淡香水。

此外，作为服装模特，在工作情形下也可以考虑将香水喷涂在不影响服装外观的某些部位，例如，上衣的下摆处、裤脚处、袖口处等，使模特在台上的行走中带动香味的飘散，令人心旷神怡。

六、基本礼仪修养

（一）守时

作为一名职业模特，具备良好的时间观念是十分重要的，遵守时间就是对其他演职人员的尊重。模特所参与的工作都是需要团队合作共同完成的，一个人迟到，必定会影响到其他人。同时模特的不守时也会对自己的职业修养带来不必要的判断，甚至会影响到其面试率和演出效果。当然，模特的时间观念较弱也会给其所在的模特经纪公司带来负面影响，会被认为该公司管理不严格，久而久之必然影响到公司品牌形象。

（二）保持良好状态

作为一名职业模特，时刻都要为工作做准备，因此从头到脚都必须保持良好的状态，这也是模特基本的礼仪修养。

职业模特必须经常做面部及头发的护理，以保持皮肤和头发有光泽、有弹性。脸上的妆容要卸得干净彻底，同时还要定期做面膜和按摩；头发保持自然的状态，并定期营养头发和头皮，便于做各种造型，也可根据自己的个性特征选择适合自己的发型；随身携带润唇膏和护手霜，并经常使用；每次洗澡后及时在全身涂抹润肤乳，以锁住水分；指甲应经常修剪，以保持指甲干净、光亮、有型，女生可以留长指甲，涂护甲油和亮油，避免涂有色甲油，因为有色甲油会吸引观众视线，影响演出效果，男生指甲剪短；保持良好身体状态，避免受伤，不要文身，不要有晒痕；女生应去除腋下、腿部、手臂、比基尼部位的毛发，男生应剃须、修须、去除鼻毛，保持身体的洁净。

除了外在的保养，身体内部的健康也能反映出个人精神状态。模特应经常去健身房健身，并运用正确的健身方法，塑造完美曲线，适当的运动也会使人气色红润、富有朝气；注意饮食规律，少吃高脂肪的食物，多吃水果和蔬菜，适量补充维生素；没有工作的时候应养成健康的生活习惯。

（三）具有良好心态

具有良好心态的模特会受到市场的欢迎，在给别人留下良好印象的同时也开拓了自己市场。

当人们的主观愿望与客观现实相悖时就会产生一种消极的情绪反应。作为一名职业模特，必须懂得如何控制自己的情绪，保持良好心态。首先，要用意识控制自己，提醒自己应当保持理性；其次，对事反应得体，不应该迅速地做出不恰当的回击；最后，要经常保持微笑和愉快的情绪，情绪是很容易感染别人的，对别人微笑，别人也会把愉快带给你。

第六章　服装模特的经纪与管理

第一节　文化经纪人的概念

一、文化经纪人概念

经纪人是商品生产发展和社会分工的产物。经纪人的定义是为买卖双方介绍交易而获取佣金的中间商人。经纪人的活动是以收取佣金为目的，为促成他人交易而进行的服务活动。文化经纪人泛指与文化市场相关的众多行业的经纪人群体，即在演出、出版、影视、娱乐、美术、文物等文化市场上为供求双方充当媒介而收取佣金的经纪人。

（一）文化经纪人的作用

文化经纪人的作用主要表现在以下几个方面：

（1）文化经纪人能有效整合社会文化资源。衡量一个文化市场合理与完善的标志就是实现文化资源的合理配置。文化经纪人能对社会文化资源配置起到特殊的调节作用。

（2）文化经纪人是文化与市场的联络纽带。经纪人掌握大量的信息反映了市场的文化需求，而且他们往往拥有丰富的社会关系，灵活的公关技巧和灵敏的嗅觉。所以文化经纪人能够把个别市场连接起来，适应市场的需要，促进社会主义文化市场的发展和完善。

（3）文化经纪人是推动文化市场发展的动力。文化经纪人的任务就是把文化创作者的劳动成果进行市场推广，强调艺术家个人的特殊表达方式是适应现代文化发展的趋势。

（4）文化经纪人是连接世界文化交流的桥梁。现在，国际文化交流与合作更加活跃，不同文化的相互渗透更加激烈。通过文化经纪人的工作，在世界范围内提高我国文化产品的市场竞争力和市场占有率。

（5）文化经纪人能促进第三产业的发展。文化经纪人的发展带动了消费需求的增加，使得第三产业的相关从业人员大为增加。文化产业在文化经纪人的推动下，还会带动餐饮业、旅游业的发展。同时，文化经纪人的发展还在吸引外商和凝聚各方面人才等方面起到了不可忽视的作用。

（二）文化经纪人的职能

1. 文化经纪人的职能之——文化信息服务

（1）信息收集：及时收集各种信息资料并加以有效保存和及时更新。

（2）文化信息处理：对信息进行简单处理和加工处理。

（3）文化信息传递：将资料准确、及时、完整的传递给需要这些信息资料的客户手中。

2. 文化经纪人的职能之——中介服务

（1）文化经纪人的中介服务突出表现在提高了市场的组织化程度。

（2）文化经纪人的中介服务提高了文化市场的交易效率，降低了文化市场的交易费用。

（3）进一步扩大了文化市场交换的广度和深度，深化了文化市场的分工。

（4）可以提高客户的知名度，为客户树立良好的社会公众形象，使客户的形象社会化。

3. 文化经纪人的职能之——代理服务

（1）可以使代理的文化活动合法化。

（2）可以明确双方的权利和义务。

（3）可以在授权范围内独立表现自己的意志，使文化经纪活动呈现出个性化特点。

二、文化经纪人的权利与义务

（一）文化经纪人的权利

（1）文化经纪人享有依据委托进行中介的权利。经纪人应该要求委托人明确授权权限。同时，这项权利也是经纪人应负的义务。经纪人必须按照法律法规为依据来行使经纪权利，体现了依法性的特点。同时，经纪人的经纪活动受到法律保护。其依法享有保守自己经纪业务秘密的权利，有权在其执业的经纪合同上签名。

（2）文化经纪人享有了解中介项目有关情况的权利。文化经纪人有权要求委托人如实提供资信状况等资料，有向委托人了解委托事务真实情况的权利。

（3）文化经纪人有拒绝服务的权利。经纪人具有依法拒绝对方的不正当要求或要求提供违法服务的权利。

（4）文化经纪人有终止合同的权利。经纪人具有依法维护个人利益或国家具体利益而终止合同的权利。

（5）文化经纪人有活动合理收益的权利。文化经纪人有权要求合理的佣金和成本费用。

（二）文化经纪人的义务

（1）文化经纪人有履行委托职责的义务。经纪人负有实现和维护委托人利益的职责。

（2）文化经纪人要如实并且公正地介绍情况，不得隐瞒或夸大。

（3）文化经纪人要亲自完成委托工作，不应该将委托的工作随意转交他人，包括保管好样品、制作合同文书等工作内容。

（4）文化经纪人要维护委托人的利益。对于双方合同内容等商业秘密负有保密义务，不得与他人勾结，损害委托人的利益。

（5）文化经纪人有遵纪守法的义务。不得进行违法活动，不得接受额外收入，不得从事违禁商品交易的义务。同时，文化经纪人还应当依法纳税。

三、文化经纪人法律制度

法律是由全国人民代表大会及其常务委员会依据立法程序制定的法律规范文件。文化经纪人必须严格按照相关法律规定进行文化项目的中介活动。可分为行政法规和地方法规两种。涉及文化经纪活动的法律法规有：《营业性演出管理条例》《营业性演出管理条例实施细则》《在华外国人参加演出活动管理方法》《文化部涉外文化艺术表演及展览管理规定》《经纪人管理办法》《中华人民共和国民法通则》《中华人民共和国合同法》《中华人民共和国担保法》《中华人民共和国公司法》《中华人民共和国合伙企业法》《中华人民共和国个人独资企业法》《中华人民共和国著作权法》《中华人民共和国著作权法实施条例》《中华人民共和国反不正当竞争法》《中华人民共和国广告法》《中华人民共和国消费者权益保护法》《中华人民共和国价格法》《中华人民共和国个人所得税法》《中华人民共和国营业税暂行条例》《中华人民共和国税收征收管理法》《中华人民共和国民事诉讼法》《中华人民共和国仲裁法》。

第二节 模特经纪人的工作策略

随着时尚产业的发展，模特经纪人以及其相关行业越来越被人熟知，成为三百六十行里面的一个新兴行业。模特经纪人是个充满朝气、富有挑战的行业。很多人认为这个行业很简单，无非就是推销一下模特，接接电话，让模特今天在这里演出，明天在那里拍片。很多人认为这个行业很轻松，整天和明星名模混在一起，经常出入高档场所，几乎天天和时尚人士打交道。但是，没有人会知道当你挖掘出一个模特并培养成为名模但弃你而去的苦涩心酸，也没有人知道在你在模特和客户之间受夹板气的委屈滋味。

以前模特的工作很简单，就是做服装的代言人，推广服装品牌。模特经纪人服务就是保姆，模特不需要承担太多责任。但是现在的时尚行业发展对于模特经纪公司和模特经纪人的工作提出了更高的要求。模特经纪其实与产品销售类似，都是研制新产品—生产—推广—销售—售后服务的相似过程。但是，模特与产品不一样，他们是有血有肉、有思想有感情的人。模特经纪人也与星探的工作不同，星探只是利用自己的手段去寻找和挖掘新面孔，而模特经纪人则是要想办法把模特的形象和模特的服务销售给客户。同时，在销售的同时，模特经纪公司和经纪人更重要的任务还要管理好自己的模特。所以我们说这个行业是有本事的人不愿意干，没本事的人干不了的行业！

一、模特经纪人的工作策略

（一）模特经纪公司的发展

自从20世纪早期以来，模特就被用来进行服装、配饰以及其他装饰品的展示工作。很多模特成功引导时尚，被人们熟知甚至追捧的原因，不仅仅是因为他们的职业本身，更重要的是有一个幕后的经纪人团队在为他进行各方面的打造工作。随着行业的发展，模特越来越需要依靠其他人员管理和规划自己的职业生涯。

近年来对模特的需求量急速增加，模特经纪公司在国内迅速发展，并具备一定规模。模特经纪机构已从最简单的服装表演转向时尚推广机构，模特经纪机构还是以京、沪、穗

三地为时尚核心，形成了中国模特行业的"金三角"。其他如浙江、江苏、山东、四川、福建等主要省份，其品牌需求占据"金三角"以外一半以上的份额，为模特经纪公司的成长创造了有利商机。随着中国经济业和时尚业的快速发展，国际大品牌相继登陆中国，很多中国本土品牌也开始在世界时尚界崭露头角，中国的模特也开始在国内经纪公司的运作和推广下逐渐走向世界舞台，成为国际四大时装周不可小觑的新势力。另一方面，几大世界知名的模特经纪公司也开始把目光投向中国市场，纷纷把其主办的模特比赛决赛设立在中国，目的为了同时从中国发现模特新面孔并对其进行培养和推广，甚至一些知名公司也在北京、上海等地设立国际分公司。同时，中国也涌现出了一些专门做外模经纪的经纪公司，这些公司一般与国外模特经纪公司有良好的合作关系。中国的模特经纪公司也越来越向国际化、多样化、专业化、产业化方向发展。

（二）模特经纪公司的职责

1. 模特经纪公司职责之——发现新模特

模特是模特公司的"产品"，模特公司是以销售"产品"生存的。经纪公司的工作最简单概括就是不断地发掘新的模特资源，不断地向客户（包括制作公司）提供符合对方要求的模特。没有好销的产品，公司就无法盈利，因此不断"开发"和"制造"新产品是模特公司的头等大事。经纪公司必须把握时尚流行趋势以及根据模特面试率的情况分析模特发展走势，了解模特需求，从而能够从各种渠道发现新模特并进行培养。国外的模特来源很丰富：通过摄影师、赛事、星探、专业人士推荐，都可以发现好模特，尤其是优秀的摄影师是发掘好模特的关键因素。中国模特的来源绝大多数是来自各类模特大赛。也有很多时候，模特经纪人会考察模特学校、模特培训班等去寻找新面孔。公开面试也是方法之一，一些经纪公司通过演出的面试或者招聘工作接待这些想要成为模特的少男少女们。

经纪公司必须对新模特精挑细选。模特经纪公司会先帮助模特适当接一些小型演出工作，帮一些摄影师拍摄一些

创作片来观察其可塑性。同时邀请公司各个部门的负责人（比如编导、形象造型师、服装设计师、媒体推广编辑等）一起参加面试，对新模特做一个全面的分析，确定是不是有发展潜力，再决定与此模特签约。对于模特而言，这样可以更好地了解公司对于自己的规划，也是对模特最负责任的一种做法。而与所有商业活动一样，经纪公司期待在对模特的投资上得到回报，所以在选择的时候会选择那些有潜力而且有能力为其带来收益的模特。

2. 模特经纪公司职责之——对模特进行培训

模特是特殊职业，是一门综合艺术，要求模特具备多方面的知识和较高的专业素养。随着社会的发展，模特已不仅仅服务于服装业，分类已经非常细化，已开始涉足其他领域。现代的市场要求模特除会走台外，还应该具备表演、上镜等综合素质，能拍平面照、拍广告片、参加综艺演出，能够服务于不同的行业客户的不同要求，充当"形象代言人"。

模特经纪并不应该只是单纯的销售产品的过程。在推广销售前，应该对其进行进一步的打造和培养。因为咨询和培训是很耗时的事情，所以很多公司希望提出要求后模特去自学。有的模特经纪公司会要求模特参加各种专业培训班。也有的模特公司会聘用专业的行业权威人士对模特进行指导。这些人有可能是公司的客户、模特、造型师、舞蹈师、设计师、摄影师、健身教练、媒体从业者等相关行业人士。

每隔一段时间，相关负责的经纪人要对模特的学习情况进行审查。对于公司而言，让模特尽快融入时尚行业大环境，提升个人修养和气质是首要大事。所以不仅仅是对于新模特有培训要求，对于已经从业几年的模特甚至名模，公司也应该鞭策其进行各方面的充电深造。进行外语学习、收集各种流行趋势资料、把握时尚潮流搭配、对近期流行的明星和模特进行专业分析等都是模特每日应该进行的学习工作。

3. 模特经纪公司职责之——为客户推荐模特，对模特进行推广

模特经纪公司会有几种不同方式来推荐自己公司签约的模特。一是其会定期给一些服装公司和编导寄去一些模特的图片，还有新参加演出或者拍摄的资料。这些都被打印并装订成模特卡，便于客户有直观的印象并作为资料收集备用。二是会在自己相关的网站上及时更新模特的资料和图片，让客户更直观地从网站上看到模特的图片甚至视频资料。三是会将模特的个人资料（包括艺术照、杂志拍摄、广告拍摄、商业形象代言、T台服装展示演出、模特个人采访或其他有意义的社会活动报道等相关图片和视频）收集在一起，便于与客户会见时候播放并单独发送电子邮件，同时制作幻灯片便于观看。四是会将该公司所有模特的资料做成拼接图，展示在公司内部的墙上或者在报纸杂志等媒介进行宣传，对公司以及模特个人都起到良好的推广作用。五是会推荐模特去参加一些大型的公益演出活动或者一些时尚品牌的开业仪式或者宣传活动，甚至帮模特约个人专访和参与时尚赛事的评委活动，增加模特的曝光率，这也是一种很好的推广方式，但是此种方式仅适用于已经在行业内有知名度和关注度的模特。六是现在比较流行的一种方式，让模特跨界参与电视、电影、舞台剧、MTV等拍摄，甚至让模特的私生活也与各种娱乐新闻接轨，炒作绯闻、趣闻等让模特更快速的曝光，并使其个人形象更好的被大众熟悉。

其中需要说明的是，模特的推广离不开个人图片资料的拍摄。模特经纪公司每天做得最多的工作就是对模特资料进行整理收集和制作（包括雇佣经纪人在专门的收集工作和与模特的联系工作、印刷费用等），同时对外进行推广（包括打电话与客户联系、向客户快递资料等）。这也是模特经纪公司最大的投资。

4. 模特经纪公司的职责之——安排模特进行面试和演出工作

模特经纪公司应该知道市场的需求、客户的个人喜好等。要经常和客户保持密切沟通，经纪公司应客户提供高水准的服务，应该对客户诚实地告知模特的个性、状况等，以便出现问题后进行调解。同时，经纪公司也要防止模特与非职业的客户进行不必要的交涉。

一般来说，模特经纪公司会安排专门的经纪人作为客户和模特交流的桥梁。当接下客户的任务以后，确定客户对于模特的要求，整理能够符合要求并且有档期的模特资料发给客户，如有可能，要安排客户进行面试选择，以便于客户更全面真实地了解模特的走台、形象等各个方面。一般来说，客户没有看到模特就直接聘用的可能性很小，除非这个模特已经很有名，或者是时间、路途等其他情况使面试不能如愿。

经纪人要了解每位模特的详细资料，不仅仅是身高、三围、鞋码、发色等这些专业数据，甚至包括模特的性格、才艺等相关情况也要有了解。要经常和模特进行沟通，制订模特的档期表，当接到任务后及时通知模特面试的时间、地点、要求等相关内容。同时，经纪人

要使用表格或者专业的电脑管理程序来记录客户的预约信息和模特的档期安排，以免发生同一时间段二场不同演出冲突的情况。

经纪人应该在面试、排练、演出活动等环节中对模特进行管理，防止出现迟到、早退、挑服装、不配合换装或化妆的情况，如果模特和客户发生争执的时候，经纪公司还应该做一个缓冲器，现场经纪人应该充当调停者，应防止客户对模特的不合理抱怨。

作为模特经纪公司，对于每个模特都有其行业规划和形象定位。如果此次活动的演出或拍摄与模特个人形象和发展方向违背或偏离，一个好的经纪公司会帮助模特在这种情况下做出正确的选择。在每次演出结束后，经纪公司要及时和客户取得联系，得到此次活动对模特和其他相关服务的反馈意见，并对客户表示感谢和对下次合作的期待。

5. 模特经纪公司的职责之——与合作方商定模特劳务费用

商定费用是经纪公司最重要的功能之一。模特费用基于任务的类型（商业广告拍摄、服装表演、静态展示、形象推广、产品代言等）及其他因素。现在常用的方式有三种：第一种是按照小时付费，商定每小时价格，超出部分得到相应补偿。第二种是按照日薪付费，大型展会通常在 7~10 日，要求模特全天进行静态或每日多场动态的展示，此种方式按照每日结算。第三种是最常见的一种，就是按次结算。大多数的服装表演者是按照此种类型结算的。双方谈定的费用包括试装、排练、化妆、正式演出等环节。

需要说明的是，模特的产品代言或者商业拍摄费用是要和客户确立模特图片的使用权限以及是否对此模特其他工作有影响。比如，有的品牌在选择一些模特做代言或拍摄后要求本模特不得在以后几年内拍摄与此定位相似或相同的品牌。为补偿模特可能丧失机会的损失，经纪公司要考虑给模特额外的补偿。如果有名模的加盟，可以给经纪公司带来提价的余地，因为模特的名字可能就是此广告的卖点。

一个精于谈判的模特经纪公司对于模特来说大有好处。一来好的经纪公司会从模特的切身利益出发，按照模特的个人情况与客户商定费用。经纪公司谈得好价钱并且促进此次交易的形成，对于模特的出镜机会和增加个人经验都大有好处。二来在同样演出中，不同模特的费用可能是不相同的，

这与客户的认知度、模特个人获奖和演出经历等情况有着直接的关系。模特经纪公司会在此环节上进行把控，对模特合理定价，不故意调高或降低模特价格。这么做有利于模特市场的规范发展，并且能够把不同级别和不同市场需求的模特价位分开，在客户推荐时有的放矢，有利于确立模特自己的市场定位和得到客户的承认度和认知度。

相关费用会在演出结束后直接支付给模特经纪公司，经纪公司扣除相应代理费后结算给模特，同时要合理纳税，这是应尽的义务。在我国，模特的代理费是从商定费用中按百分比提取，但是在一些国外的经纪公司，模特的代理费是单独按照模特费用的百分比另外提出的，客户支付代理费和模特劳务费。

6. 模特经纪公司的职责之——与合作方签订工作协议

确定工作以及模特费用以后一定要与合作方签订相关的工作协议。在协议中，明确甲乙双方明确必需的义务和责任，同时对于模特的费用等加以注明等。签订协议以后，就具有了法律效力，双方必须按照协议商定的内容执行。经纪公司应该做到与其品质、商业的宗旨、信誉一致，才能更好地树立自己的企业品牌，同时招揽更多的新客户和新模特。

（三）模特经纪人的素质和要求

1. 模特经纪人的素质和要求之——品德修养

（1）为人师表是模特经纪人最基本的素质要求：模特现在出道都非常早，好多女孩 15 岁左右就参加比赛，获奖，走上职业模特的道路，父母没有办法在身边进行职业化的指导和帮助，这就要求经纪人要像父母和师长一样约束他们，管理他们。试问，哪些父母愿意把自己的孩子交给一个抽烟酗酒，品行不好的经纪人？就算他有再强的资源，再好的业务水平，单凭做人这一点，也不能称得上是一个合格的经纪人。

（2）坚持诚信原则：诚信也是做人的基本原则之一，作为一名合格的经纪人，就应该对客户、对模特、对所有的事情都以诚信为原则，保证客户的需求，同时也给模特创造良好的口碑。

（3）坚韧不拔的毅力：最初阶段经纪人都遇到过这个

阶段，新模特不被大家认可或者被大家质疑，很难让媒体或者设计师在一个大型活动中启用一个新人担任重要位置。这时候除了需要模特个人的努力之外，还需要经纪人不断去开拓市场，说不定就有新的机会出现。

（4）学会和模特谈心：模特是一个饱含多种感情和思想的产品，要随时和他们进行沟通，了解他们的状态、思想、爱好以及各方面变化。这种方式也会增加模特对你的信任度和依赖程度。

（5）用行动取得模特对自己的信任：一个好的经纪人，不只是单单去给模特许诺，我让你一年赚多少钱，我能够把你推向国际市场，一年让你演出多少场等，如果要让模特信任你，认可你的能力对他们的事业有所帮助，唯一能做的事情就是多帮他们接有质量的订单，这是比任何语言都有力度的承诺。

2. 模特经纪人的素质和要求之——全面素质和技能

（1）充分了解文化消费者：了解客户的需求，了解行业市场的发展是经纪人要完成的必备功课，一个好的经纪人可以从这个行业或者相关行业的任何蛛丝马迹掌握到新一季模特的流行趋势和概念，从而可以发掘更有潜力的模特，培养更适合市场的模特。

（2）丰富全面的文化艺术专业知识：一个经纪人，必须是个商人，是个文化者，也要求是个艺术家甚至是心理学家。就像模特现在需要的不单单只是走台那么简单，要求的是更全面的知识和素养，这同时也对经纪人提出了更高的要求。

（3）出色的公关能力：公关是与社会组织构成其生存环境、影响其生存和发展的那部分公众的一种社会关系。公关是什么？是人脉，是交流，是与人沟通的能力和开拓市场的能力。无可置疑的是，一个经纪人，他身边必须有广阔的人脉和资源才能更好地开展进行他的工作，而且这也是需要平时的维系和互相协助的。

（4）了解媒体需求，找到模特切入点：请媒体对模特进行采访是常用的推广手段，但是，很少模特会有坎坷的经历，令人兴奋的绯闻，对于记者来说，可能面对一个并不熟悉的模特很难去找到他的切入点。由于经纪人对于模特的了解要远远大过记者，所以经纪人来找一个适合的话题是最好不过的事情。

3. 模特经纪人的素质和要求之——经纪业务管理素质

（1）一定的经营管理能力：经纪人应该是一个经营者，也是一个管理者，他应该善于经营和管理自己的模特。

（2）注意新产品的储备：经纪人非常重视星探或其他途径推荐的模特的资料，经纪人要制订跟踪计划，随时掌握他们的变化。在销售现有产品的同时，努力管理好储备力量，管理好新产品是非常明智的选择。

（3）了解模特的近况：经纪人要随时跟模特进行沟通，了解模特的近期情况，比如，头发的变化、皮肤问题、三围变化等。及时根据模特的状态调整模特面试的风格和类型。根据模特的变化及时制作新模特卡送给客户。

（4）在客户面前夸耀自己的模特：当认定你向客户推荐的模特符合要求时，要不惜代价向客户推荐和夸耀自己的模特，想办法让客户确定使用你的模特，这是模特经纪人重要的基本功之一。如果只是把模特的资料递给客户或被动的让客户任意对模特进行面试，这并不是一名优秀的经纪人应该的做法。

（5）维持老客户，扩展新客户。在和已有客户联系的同时，经纪人还应当积极地寻找新客户和更多的工作可能性。

（6）帮助模特制订规划：模特经纪人应该根据模特本身的状况，帮助模特制订事业发展规划是模特经纪人不可推卸的责任，这些规划最好以文字的形式记录下来并且让模特了解和愿意和你一起完成这个规划。

（7）对模特的状态进行分析：要经常和模特一起探讨和研究，找出成功和失败的原因，为下一阶段提供参考资料。包括面试成功率、成功或失败的原因、订单的类别、收入等。

（8）让客户在使用模特的时候想起你：客户并不是每天都要使用模特，众多的模特公司都会以自己的方式向客户靠拢，经常以不同的方式给客户信息，但这并不是要求你去骚扰客户，而是要选择一些方式方法，比如，发送新的模特卡，过年过节发明信片，邀请客户观看你模特参与的演出等。

（9）使用电脑管理模特：建立模特的资料、面试工作记录、客户档案、合同等。

（10）财务知识：掌握演出和模特的财务记录和管理。由于模特的职业生涯很短暂，所以模特经纪人还要为他们提供财务规划和建议。

（11）法律常识：经纪人经常要签订模特合约、广告合约、肖像使用合约等，因此掌握法律常识也是经纪人必不可缺的技能。

二、模特与模特经纪人的配合

模特在工作中进行接触最多就是经纪人。对于模特的管理和推广工作大部分都由经纪人来完成。一个好的经纪人对于模特的推广是有着至关重要的作用。同样的，模特的成功单靠经纪人或者经纪公司的力量都是不够的，模特的配合也起着非常重要的作用。与经纪人的配合主要表现在以下几个方面：

（1）模特必须与经纪人建立良好的合作关系并建立对经纪人的信任度。在做出形象改变（比如，染发、剪发、皮肤晒黑等）前要咨询经纪人的意见。经纪人每天都与很多客户联系，知道现在市场对模特需求喜好和你的定位特点。如果出现一些其他的状况，比如，体重骤增骤减等也要第一时间告知经纪人，以便他更好的安排你相应的工作。

（2）模特要告诉经纪人自己的时间安排，让他随时可以联系到你，保证随叫随到。如果一个模特想好好从事这个行业，那么模特行业的任何机会都应该优先于其他活动。如果不能接受一个工作，也要尽早通知经纪人。如果外出旅游等离开这个城市，哪怕是短暂的，也必须通知你的经纪人。

（3）当经纪人打电话告知演出或者面试通知时，应认真记录时间、地点、面试要求，询问面试需要模特的风格等。

（4）模特在参与面试、排练或者演出等环节都要遵守模特的职业规定，按时到达指定地点并按要求着装，如已到达或出现状况无法按时到达均要及时与经纪人取得联系。在工作过程中，要通过经纪人与客户取得联系，如有任何问题都要及时与经纪人沟通，不要越过公司或经纪人直接联系客户，更不应该自己去与客户争议或讨价还价。

（5）要相信经纪人的能力，经纪人会让你参加你适合的面试和演出，不要认为所有的面试你都必须要参加，不要认为所有费用高的演出都一定是高档次的演出，要听从经纪人的选择。

（6）有时候模特很久都没有接到工作，那么要和经纪人进行沟通，讨论可能是什么问题，不能只是埋怨经纪人，更不应该在私下中伤经纪人和其他人，不客观看待自己的原因。

（7）模特应该感谢你的经纪人。一些模特认为，他们的成功仅仅归功于自己，但是在背后，他们的经纪人花了几年的时间和精力才赢得了客户的肯定和模特的知名度。

第七章　服装模特的媒介素养

对于职业模特来说，生活在今天这样一个全媒体时代，不仅要掌握服装表演方面的专业知识，还必须具备一定的媒介素养，了解并学会运用媒体，为自己的职业生涯和个人发展助力。

第一节　了解媒介素养的内涵

"素养"在《当代汉语词典》中被定义为"由训练和实践而获得的技巧与能力"。今天，人们的生活已经离不开媒体，而媒介素养也成为现代人必备的一项技能。对于学习服装表演的人来说，除了一般大众的媒介素养，还需要积累专业的媒体知识，提升个人的媒介运用能力，学会与媒体打交道。

一、关于媒介素养

媒介素养（Media literacy）又称媒体素质、传媒素养，这个概念最早是由英国文学批评家F.R.李维斯（F. R. Leavis）和他的服装模特汤普森（Denys Thompson）在《文化与环境：批判意识的培养》一书中提出的。它的英文说法也十分形象地传达出，在今天这样一个信息时代，关于媒体的知识与运用能力，就像听说读写一样，是一种必备的素质。

不同于媒体从业人员的专业教育，媒介素养着眼于普通公众的媒体意识与媒介运用能力。20世纪80年代以来，在联合国教科文组织的推动下，媒介素养的概念已经在欧美、日韩、港澳台等许多国家和地区得到普及，不仅进入中小学的课堂，还被部分大学列为正式的科目。按照加拿大媒介素养教育全国通用教科书的定义：媒介素养旨在帮助从事服装表演类工作的模特读懂媒体、使用媒体、认清媒体特性、学习媒体传播技巧，了解媒体的传播效果。另外，媒介素养还要求培养模特自身利用媒体进行创作的能力。

除了关于媒介素养的一般性定义，多年来，学者们也形成了许多不同的观点。按照这方面的专家艾伦·M.鲁宾（Alan M. Rubin）的归纳，媒介素养大致可以分为三个层面：知识模式、理解模式和能力模式。知识模式的代表人物是保罗·梅萨里（Paul Messaris），他认为媒介素养就是关于媒介如何在社会中发挥作用的知识。而理解模式的代表人物是刘易斯和杰哈利（Justin Lewis & Sut Jhally），他们认为媒介素养就是理解媒介在文化、经济、政治和技术等诸多力量的约束下，是如何制作、生产和传递信息的。

而能力模式，这是目前最普遍的一种看法，按照全美媒介素养领导人会议的定义，媒介素养是透过不同形式的媒体，获取（access）、分析（analyze）、评估（evaluate）和传播（communicate）信息的能力。此外，还有其他学者补充了诸如选择能力、理解能力、质疑能力、生产和制造能力等等。而这三大模式之外，还有一些比较有影响力的观点，如认为媒介素养是对媒介的形式特征的学习；是对媒介内容的批判性处理；是将媒介内容与外部的真实世界进行比较。

事实上，早在印刷媒体时代，人们就发现，阅读与写作不仅仅是一种技能，也是人们理解世界、建构意义的一种过程。而伴随着技术的发展，特别是广播电视的普及，媒体越来越多的卷入人们的生活，影响着大众对政治、经济乃至社会方方面面的认知与判断。今天，随着网络媒体的发展与数字技术在生活中的广泛应用，联合国教科文组织又进一步提出了"媒介及信息素养"的概念。

综合来看，媒介是传播的资源和技术手段。而媒介素养首先是一种认知过程，涉及关于媒体的专业知识，例如，信息是如何被编码，又是如何生产的。同时，媒介素养也是对信息的选择、解释和评估，强调对于媒介的批判性认识。最后，媒介素养更是运用媒介进行信息传递的能力，是对媒体的合理应用。因此，媒介素养可以说是人们利用不同形式的媒体进行沟通交流；透过媒体来认知世界，融入社会的一种综合能力。

二、媒介素养对服装模特的意义

如前所述，媒体已经渗透到生活的方方面面，媒介素养是现代人必备的一项综合能力。同时，它对于学习服装表演的人来说，又具有更多的特殊意义。

（一）媒介素养的一般性意义

与普通大众一样，媒介素养主要具有以下几点普遍性意义：

（1）媒介知识：今天，人们的信息获取途径除了人际交往、教育，更多的是来自于大众媒体。因此，掌握一定的媒体知识，有助于提升信息获取能力，提高工作、学习和生活的效率与质量。

（2）媒介运用能力：传统的大众媒体是一对多的传播模式，普通人的身份被限定为信息接收者：受众（如读者、听众、观众等）。今天，新媒体带来的互动性增加了普通人的主动权，人们不仅接受信息，也制造和传播信息。因此，媒介素养有助于提升人们的创造性思维，使人们能够更好地运用文字、图像、声音以及影像等形式手段，制作和输出信息。

（3）媒介批判性思维：今天，海量的信息充斥着人们的生活，如何选择、辨别信息，正确认识媒体对社会以及个人的影响，在信息的海洋中，不沉迷、不迷失？媒体素养有助于培养个人的选择、判断能力与批判性思维，帮助人们合理利用媒体。

（二）媒介素养的专业性意义

对于服装表演模特而言，除了像普通大众一样认识媒体，利用媒体，还要强调媒介素养对于个人专业发展的重要意义。

1. 捕捉流行资讯，学习专业知识

时尚行业瞬息万变，而媒体为服装模特提供了一个重要的学习平台。这里不仅可以捕捉到最新的流行资讯，还可以学到大量的专业知识，有效促进个人的专业发展。虽然专业知识不同于书本知识，但是每个行业都有属于自己的话语和圈子。对于时尚行业来说，服装风格、流行趋势、品牌和设计师动态……这些都是需要快速掌握的行业资讯。因此，有志于此的服装模特，要充分利用好媒体，特别是时尚媒体的资源。

2. 熟悉品牌和产品，成为时尚达人

作为时尚中人，服装模特要快速熟悉品牌和产品，提升自己的行业知识。一方面，这些品牌和产品有可能在以后的实践中有所接触，早一点了解，便于为日后的工作打下基础。另一方面，熟悉这些品牌和产品，也有助于改善自己的造型，提升自己的专业度，使自己成为真正的时尚达人。

3. 向前辈学习，积累间接经验

媒体，特别是时尚媒体，不仅提供资讯，它也是模特的展示窗口。不论是时尚杂志的大片，还是时装博客的街拍，或是时装电影、秀场直播……透过媒体，可以看到他人的表现，特别是当红的模特，可以从中观摩学习。一方面，学习他们如何塑造形象，如何造型与表现：身体的各个部位以何种姿态呈现？眼神和面部表情如何传达情绪？如何与所展示的产品、所在的环境相匹配？可以据此进行模仿和尝试，从中获得一些灵感，选择适合自己的呈现方式与展示技巧。另一方面，在学习之余，还要观察思考不同媒体，是不是对模特有一些各自的偏好？整体而言，当下的审美趋势、流行的面部特征与个人风格是什么？未来可能会发生怎样的变化？从这些观察思考中，积累间接经验。

4. 了解重要人物，快速融入行业

透过媒体，服装模特还可以了解到行业中的重要人物，这些是在日后的工作中有可能会打交道的人。如品牌高层、时装设计师、摄影师、造型师、杂志主编、知名博主……记住他们的名字（包括昵称）和外貌（包括造型特征），熟悉他们的背景与关系。特别是品牌高层和设计师，他们是选用模特的决策者，经常会出现在时尚杂志的采访以及后面部分的资讯版面中。还有摄影师和造型师，他们会有一些媒体合作关系，而他们的名字和照片会经常出现在时尚杂志前面部分的本期嘉宾/特约作者版面。此外，社交媒体，如微博还提供了直接关注这些行业人物的机会，甚至有可能，通过社交媒体，与这些行业重要人物进行互动。

而就算是暂时还接触不到这些大人物，了解行业人士至少可以帮助你知道大家在谈论什么。这些行业大人物都是时尚的推手，他们可能制造了新的趋势，也可能确立了行业的标准，是经常会被行业人士提及的名字。所以熟悉和了解他们，可以让你尽快融入行业，显得像个圈内人。

5. 主动利用媒体，积极参与传播

对于整个时尚产业链而言，媒体是其中的重要一环，不仅传播时尚信息，也是各类资源的汇聚地。因此，除了提升个人的媒介运用能力，服装模特还要从传播的角度来认识自己的工作，不只是被动地接受调遣，而是要主动思考对方的诉求，他们面向什么样的受众，需要什么样的形象，不同的媒体各有什么特点？要学会与媒体打交道，更好地利用媒体，参与到传播活动中。

第二节　认识媒体

本节内容主要围绕着媒体的概念和分类，帮助学习者首先建立对媒体的一般性认识。

一、媒体的概念

媒体对应的英文有 Media 和 Press，前者更为通用，后者一般专指新闻媒体。Media 是 Medium 的复数形式（又可写作 mediums），来源于拉丁语 Medius，原意为传导体、介质、中间物，也有中间、中庸、中等程度的意思；以及方法、手段的含义；又可比喻为环境，生活条件；现多引申为媒体。

在传播学范畴内，媒体是传播信息符号的载体。传播（communication）是人类的一种基本社会行为。任何生物体的活动都包含了三大交换系统：能量、物质和信息。而传播是信息的流动，是社会得以形成的工具。下图是两个最基本的传播过程模型，从信息传播的角度来看，媒体是传播的渠道／通道（Channel），是从信源到信宿的中介，即信道。它有两层含义：信息的载体；存储、呈现、处理、传递信息的实体。

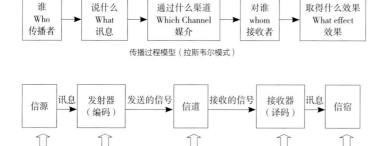

传播过程模型（拉斯韦尔模式）

传播过程模型（申农－韦弗模式）

二、媒体的分类

从上面的概念可以看出，媒体有不同层面的含义。因此，从不同角度理解媒体，会产生不同的分类。

（一）符号层面的媒体

从广义的范围来看，媒体可以理解为符号系统。符号是信息传递的中介，也是传播的基础要素。通常，符号系统可以划分为语言符号和非语言符号两大类，语言符号包括有声语言（对白、独白）和无声语言（文字，又称言语）两类；而非语言符号又可以分为视觉和听觉两类。这其中，视觉符号在时尚传播中的作用最为显著。一方面，读图时代，人们普遍追求

77

信息的可视化；另一方面，时尚本身也偏重视觉，它与人们的外观、形象紧密联系，甚至可以说，时尚就是一个视觉符号系统。通过讲故事的手法，调动各种视觉手段，服装、表演、化妆、造型、摄影、灯光、布景、道具……将人与物，物与物，人与环境，物与环境结合起来，塑造不同时代的风貌。这其中，服装表演模特主要运用非语言的视觉符号，如姿态、动作、表情、眼神等肢体语言来参与传播。

（二）介质层面的媒体

从介质的层面来看待媒体，它可以理解为不同的信息载体，既可以是各种有形的实体，如纸张、磁带、光盘、U 盘……也可以是无形的，如电波信号。此外，媒体也可以理解为不同的形态 / 载体。尽管媒介技术不断发展变化，但目前为止，其传播形态，还是以文字、声音（含音乐）、图像（手绘、摄影、动图、版式）、影像（含视频剪辑）等形式为主。

（三）组织层面的媒体

组织层面的媒体是由专业化的信息传播机构打造的传播渠道 / 平台。它是狭义的媒体，主要是指大众媒体，即 Mass Media。大众媒体是大众传播（Mass Communication）的工具。大众传播是向数量众多且分布广泛的受众传递信息，它与人际传播不同，具有广泛的影响力。从技术的角度来看，大众媒体提高了信息复制的效率，不仅信息的数量大大增加，而且空间范围和时间范畴也被放大。媒介不仅成为信息的传播渠道，而且成为信息的增殖者。

从组织层面来分类，大众传媒可以分为传统大众媒体和新媒体，传统大众媒体以报纸、杂志、广播、电视四大媒介为主；而新媒体则随着时代发展，从互联网到移动互联网，不断发展壮大，很难被清晰界定。事实上，随着媒介融合化（media convergence）的发展，大众传媒在技术、行业和内容层面不断融合，传统媒体与新媒体的界限也日益模糊，多元化、碎片化成为一种趋势。

例如，杂志作为传统的印刷媒体，今天不仅积极探索数字化出版，提高自身在动态影像方面的制作能力，而且也在不断开拓社交媒体领域的实践，与读者、明星全方位互动。因此，后续章节的内容一方面从传播载体的角度来介绍主要的时尚媒体，侧重不同载体的传播形态和特点。另一方面，打破传统媒介的分类，以集团的形式来介绍主要的时尚媒体组织。

第三节　主要的时尚传播载体

报纸、杂志、图书、广播、电视、电影、互联网、移动互联网、户外媒体……传播载体的形式多种多样，但是对于时尚而言，有几个比较主要的类型，在此进行重点介绍。

一、时尚杂志

时尚杂志可以说是历史最悠久的时尚媒体，也是到目前为止，最具行业影响力的媒体之一。它是印刷媒介的一种，定期出版，通常以册的形式连续出现。常见的时尚杂志有周刊、半月刊、月刊和季刊。作为一种视觉媒体，时尚杂志印刷精美，具有较高的品质感和较强的保存性。

从出版的角度来看，杂志是第一个全国性媒体，也是最早的专业化媒体。时尚杂志大多属于消费类杂志，一般有较为固定的编辑方向和栏目设置，主编在杂志的运营中起到重要的作用。其生产过程，大致经历策划、采编执行、排版印刷和零售发行等环节，周期较长，缺乏时效性。但是其内容具有一定的专业性，对读者的文化水平、兴趣爱好乃至经济条件，都有一定的要求，由此形成相对清晰的读者区隔和高品质的读者群体。

对于服装模特来说，时尚杂志是一个比较容易获得的媒体资源，阅读起来既有一定的深度和广度，又相对轻松，能带来很多时尚资讯和灵感启发。而从大众的阅读习惯来看，所谓读报纸、翻杂志，一般读者在阅读时尚杂志的过程中，自主选择性强，追求视觉体验，所以像封面、图片和版面设计等视觉表现手段就显得十分重要。而文字方面，标题、关键词/主题句是重点；文体、评论则是形成杂志特色的卖点。

比较而言，不论是时装表演的现场图片，还是专门策划，设计拍摄制作的"时装大片"，在这个读图时代，精美的图片，高质量的印刷，是杂志的优势所在。这其中，图片作为支撑杂志内容的主要视觉元素，其来源主要有自主拍摄、图片库购买、品牌方提供等途径。大量的拍摄，为众多摄影师、造型师、模特及其经纪公司提供了工作机会。

此外，时尚杂志的族群特征也较为明显，国际大刊一般都会在不同国家、地区开发本地化的版本，杂志自身也会利用读者服务、俱乐部，开展各种市场推广活动。而更为重要的是，高品质的读者群与优质的内容环境，也为时尚杂志吸引了大量奢侈品和时尚领域的广告投放。而在厚重的正规广告版面之外，时尚杂志还充斥着各种公关宣传的内容。长久以来，时尚杂志与品牌达成默契，杂志向品牌方借用服装拍摄内容，作为回馈，也会标注品牌甚至价格。所以，内容与广告不分家，可以说也是时尚杂志的一大特点。

综合来看，时尚杂志的出版周期较长，无法在时效上取胜，但是由于时尚杂志拥有专业性很强的编辑团队，通过前期策划与高水准的制作，使其在内容深度与视觉效果方面仍然保有一定的优势。同时，杂志的出版与整个时装行业提前大约一个季节的周期比较合拍；而杂志的运营成本与读者购买杂志的消费支出都相对比较高，所以时尚杂志基本上都是走中高端路线。这使得它成为触达主力消费人群，集聚行业资讯与品牌广告投放、公关宣传的重要渠道。最后，顺应今天媒介融合化的发展趋势，传统的时尚杂志也开启了多媒体的内容制作与输出平台建设，因此在时尚圈，仍然保有相当重要的地位。

二、时尚节目

时尚节目是动态的时尚内容，具有视听合一的特点，良好的现场感和视觉冲击力，使它适合再现形象、现场和过程。时尚节目最初的发展以电视媒介为主，网络视频兴起之后，时尚节目迎来新的发展阶段。

电视媒介可以说是目前为止，受众面最广的大众媒体。它是电波媒介的一种，通过电子技术，传递图像和声音信号，具有直观且时效性强，传播速度快，覆盖面广的特点。其缺点，是制作起来比较复杂，线性传播，转瞬即逝；受众的选择性比较弱。此外，电视与杂志不同，它是比较家庭化的媒体，需要考虑到全家观看的情境，照顾到不同观众的需求。因此，新闻、综艺和电视剧这类比较大众化的内容主导了电视媒体，而时尚方面的节目，直到最近十几年，才开始形成一定的规模。

一般来说，电视节目的生产过程主要包括策划、采编、制作播出与信号传输这几个环节，运动画面和声音是其主要的表现手段。从具体的内容来看，早期的时尚节目主要以资讯和生活实用型的美妆、穿搭为主，也包括一部分专题性的内容。如开播于 1985 年的加拿大电视栏目《时尚电视》（*Fashion Television*，*FT*），由著名时尚人士珍妮·贝克（Jeanne Beker）主持，外界评论她在米兰和纽约时装周的报道犹如前线的战地记者。而在国内电视台中，也有诸如北京台的老牌节目《时尚装苑》，广西卫视的《时尚中国》，旅游卫视的《美丽俏佳人》《第 1 时尚》等时尚栏目。

随着卫星技术和有线电视的发展，开始出现以时尚内容为主导的电视频道，这其中，最著名的就是1997年诞生于法国巴黎的时尚频道FTV（FashionTV）。这是世界上第一个也是唯一能覆盖全球，24小时播放时尚相关内容的电视频道，全方位报道时装秀（每年上千场）和时尚圈的动态与人物。目前，FTV通过卫星传输和有线电视系统，进入全球一百多个国家和地区，触达4亿受众，并随着互联网的出现，发展为一个多媒体的内容平台。

而进入21世纪以来，在传统的时尚资讯、生活服务性的美妆、穿搭内容之外，伴随着真人秀这种节目类型的走红和全社会对明星关注度的持续上升，时尚选秀和明星时尚类节目逐渐成为主力。

这其中，和服装模特关系最为紧密的时尚选秀节目，当属《全美超模大赛》（America's Next Top Model）。该节目由超模泰拉·班克斯（Tyra Banks）主持，经过授权，已在30多个国家制作出不同的版本。尽管出于收视的考虑，节目中增加了很多娱乐性元素，并不能真实反映模特职业的全部，但还是可以从中学到很多镜头表现技巧、情绪、形象管理等。特别是这种选秀模特不同于传统T台模特和明星，他们介乎于二者之间，带有一定的网红属性，所以对服装模特经营与拓展自己的职业，具有一定的启发性。

这方面，国内也有类似的节目，如CCTV模特大赛，从比较传统意义上的电视比赛，逐渐增加真人秀的成分。进入网络时代，爱奇艺也推出过《爱上超模》和《天使之路》的模特选秀节目。总体来看，对于服装表演模特而言，这类选秀节目使模特从T台走向荧屏，走出职业的小圈子，以更为亲近的方式，展现自己的声音、动作和个性，扩大了个人的知名度。而另外一些大众真人秀节目，还使原本并不为一般人所熟悉的名模，成为家喻户晓的明星。如男模张亮，因参加亲子户外真人秀节目《爸爸去哪儿》而成为明星；超模刘雯因参加明星恋爱真人秀节目《咱们相爱吧》而成为国民大表姐。

此外，设计师选秀节目也值得学习，这方面最具代表性的，是超模海蒂·克鲁姆（Heidi Klum）主持的《天桥风云》（Project Runway）。国内也有许多类似的节目，如中央二套的《时尚创意会》《时尚大师》，电影频道CCTV-6的《创意星空》、上海东方卫视《女神的新衣》、上海生活时尚频道的《莱卡魔法天裁》等。对于这类节目，一方面，可以从中了解设计师的创作过程；另一方面，也可以帮助服装表演模特更好的理解设计师与模特之间的互动，模特既可以启发设计师的灵感，也是展示设计师作品的关键

人物。

此外，除了常规节目，电视和网络媒体还会转播一些重要的时尚活动和时尚颁奖礼，其中最著名的就是年度盛事：维多利亚秘密（Victoria's Secret）的大秀。作为一家内衣品牌，维多利亚秘密以独具特色的走秀形式进行品牌推广，逐渐将其发展为一场融合了众多舞台与表演元素的时尚晚会。这其中，电视转播和网络传播的作用不容小觑，早期的维密秀还是很平常的时装走秀，1999年和2000年，维密秀通过网络进行了直播。从2001年开始，维密秀的上演时间从情人节之前提早到了圣诞节假期，并通过美国广播公司（ABC）进行了播出。2002年开始，哥伦比亚广播公司（CBS）接手，精心制作的维密秀，包括台前幕后的演出及花絮，内容丰富。随着舞美和演出元素的不断创新，以及围绕维密秀衍生出的各种话题，如签约天使，模特选拔，谁能带上天使翅膀，谁会穿着那些价值百万的梦幻胸衣，谁会作为表演嘉宾登台，哪些明星会到场观看……维密秀逐渐成为一场吸引全世界关注的时尚大事件。

三、时尚影视

与时尚杂志和时尚节目不同，时尚影视有另外一套运作模式和美学体系。相对于平面、静态视觉为主的时尚杂志，它们是动态影像；相对于时尚节目的生活化与写实主义，它们更偏重于艺术化的表达，大多采用虚构故事或叙事风格。

事实上，时装与影视素有渊源，不论是启迪了设计师的灵感，还是定义了某种风格，或是再现了历史上的华服之美，影视对于服装的设计、消费乃至文化都产生了深远的影响。而在最近十几年，时装电影又作为一种新的类型，一种时装表现手段和推广工具，越来越多地出现在人们的视野中。它可能是一支秀前的开场视频，也可以是关于设计师的一部纪录片，又或者是在网络上广泛传播的广告，它甚至取代了真实的走秀。

具体来看，按照长度，时尚影视大致可以分为时尚电影、时尚短片和时尚剧集三种形态，它们又可以进一步细分为不同的类型，且各自的传播渠道也有所不同。

（一）时尚电影

时尚电影主要是长篇，大部分都走院线发行，对于服装表演模特而言，这种形态的作品，主要用于观摩学习，它

们大致可以分为以下几种类型：

（1）纪录片 / 传记片：这是重点学习的内容，一般以时装产业、行业人物为主，如纪录片《九月刊》，全面记录了美版 *Vogue* 九月刊从选题策划到拍摄制作的全过程，也展现了主编安娜·温图尔（Anna Wintour）、创意总监格蕾丝·柯丁顿（Grace Coddington）等众多行业人物的风采。类似的还有《迪奥与我》《麦昆》《时尚大帝卡尔》《华伦天奴：最后的君王》等；国内则有贾樟柯导演的纪录片《无用》。

至于传记片，它是由演员来扮演设计师的剧情片，如由著名女演员奥黛丽·塔图主演的《时尚先锋香奈儿》，皮埃尔·尼内主演的《伊夫圣罗兰传》等。比起纪录片，传记片有虚构的成分，不过这也是一条了解时尚行业与人物的途径。

（2）古装电影 / 年代电影：这是学习了解服装史的一种方式，比较鲜活生动，如《绝代艳后》中的洛可可风格，《莎翁情史》《伊丽莎白2》的巴洛克风格，《了不起的盖茨比》中的 Flapper 风格，《花样年华》里的 20 世纪 60 年代香港旗袍。

（3）时装剧情片：这类电影大多是现代都市题材，在故事之外，时装常常成为一大看点，如电影版的《欲望都市》、拿下多项奥斯卡奖的《爱乐之城》。而有一些，则直接取材于时尚圈，如《穿 PRADA 的女魔头》，国产电影《爱出色》等。

（二）时尚短片

时尚短片最早可以追溯到 20 世纪之初，电影院在正片放映之前，加播的"时装新闻短片"。20 世纪 60 年代，摄影师开始探索用动态影像去表现时装，使短片呈现出艺术化的特征。80 年代，随着电视的普及，电视广告（TVC）和音乐电视（MTV）的兴起，使短片这种视觉表现形式日益受到重视。90 年代以来，越来越多的品牌和设计师开始拍摄时装短片，以此展现设计作品，塑造视觉形象。进入 21 世纪，数字技术大幅度降低了短片的制作成本，而视频网站的兴起则为短片带来了广泛的传播机会；同时，在社交媒体上，消费者掌握了更多的话语权，这一切使时尚短片的功能与形式更为多样化。具体来看，时尚短片大致可以分为以下几个类型：

（1）现场视频：主要用于补充和记录演出现场，如开场视频、秀场视频。虽然受到灯光和其他视觉效果的影响，现场视频在工艺、裁剪和质量等方面的表现，不能完全还原现场的细节水平，但是它能更广泛的传递信息。毕竟，秀的制作成本不菲，而到场的人数是非常有限的，所以，现场视频有助于扩大传播效果，增加时装秀的投入产出效益。

（2）动态的型录（Moving Look Books）：传统意义上，品牌和设计师每季都会拍摄 Look Book，将这一季的设计系列逐一展示，每款一个造型，无需太多创意和细节，重在全面展示服装作品 / 商品系列。而 2000 年以来，这种 Look Book 开始从静态的时装摄影转向动态化的时装短片。它虽然不像其他类型那样讲求创意、富于变化，但是它比较实用，能够相对完整的展示设计系列。

（3）动态的内容（Moving Editorial）：这种类型对应的是平面媒体中的内容，如时装大片。过去，时尚杂志会构建一个又一个艺术化、内容化的语境，以此对品牌和服装进行拍摄展示；而动态的内容可以说是这种静态呈现的延续。它以内容为导向，以主题化和视觉吸引的方式来呈现服装。

（4）创意型短片（Creative Film）：这种类型的短片，制作成本更高，比内容型更为复杂。通常是用叙事或抽象化、概念化的艺术手法来表现作品、设计师或品牌。这也是当前最为热门的一种类型，从广告短片到电影手法的故事短片，很多品牌不惜重金，聘请著名导演和明星，打造高光时刻。如导演罗曼·波兰斯基（Roman Polanskil）为普拉达拍摄的短片《心理治疗》；玛丽昂·歌迪亚（Marion Cotillard）主演的迪奥系列时装电影，其中包括以希区柯克（Hitchcock）为灵感的迪奥女士系列；由导演巴兹·鲁赫曼（Baz Luhmahn）执导，超模吉赛尔·邦辰主演的香奈儿 5 号短片《只想拥有你》；巴宝莉为纪念品牌成立 160 周年制作的短片 *The Tale of Thomas Burberry*；导演韦斯·安德森（Wes Anderson）为 H&M 拍摄的圣诞贺岁短片，这些都是电影化时装短片的经典。

（三）时尚剧集

与电影中的剧情片相似，时尚剧集也可以按照时间线索，划分为古装剧、年代剧和现代剧。其中，古装剧和年代剧虽然不是以服装为主线，但是讲究戏服设计的剧集，也是很好的观摩素材，能够透过剧集，领略一个时代的风貌。如英剧《唐顿庄园》、美剧《广告狂人》《了不起的麦瑟尔夫人》；国内方面，早期有经典港片《上海滩》、经典古装剧《红楼梦》，近期则有热播的《延禧攻略》，后者因为考究的戏服和引发争议的莫兰迪配色而吸引了大量的社会关注。

至于现代剧，这是时尚剧集的主力。从经典美剧《老友记》到《欲望都市》，从《傲骨贤妻》到《绝望主妇》，从《绯闻女孩》到《破产姐妹》，乃至热播的韩剧《来自星星的你》和国内的《欢乐颂》，时装剧对时尚潮流、日常穿搭的影响日益显现，而时尚企业也加大了对这种品牌露出、宣传推广形式的投入。所以，在时尚节目之外，服装表演模特还可以通过观摩时装剧，熟悉品牌，了解时尚风格与潮流的变化；说不定未来也有机会，能参与到相关剧集的演出中。

综合来看，时尚影视从萌芽到成熟，已经探索出一套类型模式与运作体系。虽然技术的发展令动态影像的制作与传播变得更为容易，但是长片、剧集仍然相对复杂、制作成本高，生产受限。而时尚短片因其短小精悍，具有较强的实用性，而得到广泛应用，特别是五分钟以内的短视频，最为多见。随着媒介碎片化的进一步加剧，时尚短片甚至有越来越短的趋势。能否在最短的时间内传递信息、定义风格、表达情绪、塑造形象，成为时尚短片成败的关键。

最后，时尚影视与前面的时尚杂志、时尚节目不同，它不仅是一种推广形式，有助于时尚品牌和产品的宣传；它也是一种艺术创作形式，透过叙事或观念进行表达。未来，可能会有更多的品牌和设计师，打破时装周上的T台呈现规则，采用时尚影视的形式或手段，通过在线直播、网络商城、线上展厅、影视植入等途径来呈现自己，并籍此与消费者进行更为直接的接触、互动。

四、时尚网站

过去，时尚类的资讯和内容是有限的，而互联网的诞生带来了时尚媒体的大发展，也带来了海量的时尚内容和多样化的功能。下面按照互联网的发展阶段和表现形式，分别对几种主要的时尚网站进行介绍。

（一）综合性网站

主要包括门户网站和新闻网站，门户网站如国内早期的三巨头新浪、搜狐、网易，国外的雅虎，以及现在的腾讯网。新闻网站依托于传统的新闻媒体，如人民网、新华网、央视网、环球网、凤凰网等。综合性网站是web1.0时代的主要形式，它们面向大众，涉及的内容范围比较广，访问量也非常大，通常包含许多版块，而时尚往往占据一席之地，是其中的一个频道，如新浪时尚、腾讯时尚、凤凰时尚等，都是比较重要的时尚媒体平台。

（二）专业型网站

专业型网站按照面向的受众和内容定位的不同，可以分为时尚网站（面向消费者，toC）和行业网站（面向企业，toB）两类。

（1）时尚网站：包括 VOGUE 网、时尚网、ELLE 网、瑞丽网、嘉人网等时尚媒体网站和 YOKA 网、海报网、女人志、太平洋时尚网等时尚资讯网站，针对年轻群体的 HYPEBEAST。比较而言，前者依托于原有的媒体资源（大多为时尚杂志），打破了传统媒体的容量限制，其版块和内容更为丰富。而后一类没有太多的共享媒体资源，所以在内容上更偏重资讯和娱乐。

（2）行业网站：这一类又可细分为资讯型和资源型，资讯型如美国的 WWD（女装日报网）、英国的 BOF（Business of fashion），国内的中国服装网、中国时尚品牌网、华衣网、网上轻纺城、全球纺织网、中国服装辅料网、服装人才网、慧聪服装网、观潮网、无时尚中文网、华丽志、时尚头条网等，这类网站相当于行业门户，主要面向纺织服装行业的从业者，提供行业资讯和行业服务等。而资源型网站，如著名的流行趋势网站 WGSN、国内的 POP 服装趋势网、CFW 服装设计网、穿针引线论坛等。

（三）电子商务网站

电子商务的出现，凸显了互联网与传统媒体的差异，它不仅实现了传播的互动，而且能够直接导向销售。按服务对象来划分，时尚电子商务又可以分为面向行业（toB）和面向消费者（toC）两大类。具体来看，面向行业的代表性媒体，主要是阿里巴巴（B2B）；而面向消费者的平台，可以分为 B2C 和 C2C 两类，前者是主流，大致可以划分为综合型与专业型两大类，后者主要是消费者之间的交易，如二手平台闲鱼。

（1）综合性电子商务网站：如国外的亚马逊、国内的淘宝、京东、拼多多、苏宁、当当等，它们通常都会基于美妆、服饰的专门分类建立频道，像淘宝还曾经扶持过一系列互联网服装品牌。

（2）专业型电子商务网站：如国外的 Net-a-Porter、ASOS、Farfetch 、Yoox，国内的唯品会、聚美优品、寺库、小红书、有货、良仓、D2C、洋码头、魅力惠等，它们以服饰、美妆类商品为主，属于垂直型网站。

综合来看，电子商务网站之所以称为媒体，是因为它并非简单的商品销售，基本上都需要内容导流，通过图文乃至视频的内容，来实现传播、助推销售。因此，电子商务网站也为服装模特提供了许多工作机会，而 KOL（意见领袖）的作用，在这类网站中，也表现得尤其突出。

（四）官方网站

按照网站的主体不同，又可细分为品牌官网和组织机构官网，其中，品牌官网中的海外品牌官网，通常还会有多种语言模式；而组织机构官网又可分为官方机构（如三大协会，中国纺织工业联合会、中国服装协会、中国服装设计师协会的官网）和非官方机构如［潘通（PANTONE）官网、各大经纪公司、各时尚院校、培训机构的网站］。对于模特行业来说，models.com 则是必看的官网。

（五）视频类网站

视频类网站与音乐类网站都算是娱乐类网站，比较而言，音乐类主要诉诸听觉，和时尚的距离有一点远。而视频类在时尚领域的应用，越来越广泛。随着 YouTube 在国外的兴起，国内市场也相继诞生了优酷土豆、爱奇艺、腾讯视频、搜狐视频等主流视频平台和弹幕视频网站哔哩哔哩（B站），以及近来兴起的直播平台，如 YY、映客；短视频平台，如抖音、快手。这些视频网站既播放时装秀、时尚节目、影视剧，也有很多生活化场景的真人自制内容，对于服装表演模特而言，可以尝试锻炼自己。

（六）时尚博客

随着互联网的发展，传统 1.0 时代，偏重于网络编辑，以资讯为主的网站逐渐让位于以 UGC（用户生产内容）为特征的 2.0 时代，去中心化带来时尚博客的异军突起。根据罗卡莫拉（Rocamora，2000）引用的数据，1999 年大约有 50 个博客。2005 年，这个数字增加到 800 万个，而到了 2008 年，则有 1.84 亿个博客。今天，现存的时尚专业博客至少有 1400 万个。随着社交媒体的出现，这些博主也会转战新的平台；而媒体形式的不断变革，如 Instagram 对于图像的倚重，微信公众号与微博的发布规则大相径庭，vlog 和抖音、快手拓展了竖屏视频，这些也带来当红博主的更迭。不过，总体来看，不论形式如何变化，时尚博客大致可以分为四种类型：

（1）专业人士的博客（Professionals）：如著名的时尚评论家苏西·门克斯（Suzy Menkes）在 Vogue 网上开设的博客。像 BOF 当年，也是起源于创业者伊姆兰·阿穆德（Imran Amed）自己的博客。专业人士的博客通常出自于时尚媒体人士或行业资深人士，其内容以行业新闻与评论、分析为主，虽然多少与作者供职的媒体或机构存在一定的关联，但反映出作者个人的立场与观点。

（2）时尚达人博客（Fashiondustrias）：是由时尚从业者和资深的时尚爱好者们撰写的博客，比较前一种，这类博客主要专注于时尚活动以及时尚圈，在表达上更为个人化，甚至有一些就是靠犀利的言论出道。对于服装表演模特而言，对于此类博主，可以观摩一些超模的个人博客，以及一些比较有特色的博主，如国内的 gogoboi。

（3）街拍博客（Street-style）：街拍是一种特殊的时尚内容，以图像为主导，比起那些经过造型设计的影像，街拍给人的感觉更真实可信。最著名的街拍鼻祖，其实是为《纽约时报》拍摄了几十年专栏的 Bill Cunningham。不过，互联网让街拍成为一种热门的时尚影像类型，也为服装模特带来一些工作机会。

（4）日记型博客（Narcissus）：这类博主常常也是街拍主角，他们看上去有些自恋，主要是以一种时尚日记的形式，记录博主穿什么，通常有多角度的自拍或是某种特定类别的图像。很多著名的博主都出自这种类型的博客，她们或者具备外貌优势，如琪亚拉·法拉格尼（Chiara Ferragni）；或以穿搭见长，如苏茜·刘（Susie Lau）；或者如身高只有 155cm 的温迪·阮（Wendy Nguyen）这般，为娇小身材的女性做出示范；或是皮肤黝黑的朱莉·萨瑞娜娜（Julie Sarinana），不仅为健康肤色的女孩们代言，还创立自己的 T 恤品牌，以 slogan T 那些有态度的标语而走红。

（七）社交网站

社交网站从最初的校内网、开心网发展为微博、微信的 APP，其涉及的范围也越来越广。其中，与时尚相关的社交网站，大致可以分为以下几类：

（1）社交工具类：如微信，其公众号和朋友圈的功能都可以传播时尚类的内容。

（2）新闻资讯类：如新浪微博，今日头条、界面、澎湃、好奇心日报，通常这些综合类的新闻平台都有时尚类的内容设置。

（3）内容社交类：如兴趣社群类，豆瓣；知识分享类，知乎、分答；话题讨论类，天涯、贴吧；这些虽然没有专门的时尚板块，但是会有很多相关的话题讨论。

以上是比较主要的社交网站，它们可以为人际沟通、专业学习、行业交流带来很大的便利性。但是，不可否认，它们也比较碎片化，而且容易过度使用。而像 O2O 生活服务类网站、婚恋交友类网站，游戏类网站则没有列出来，一方面是因为它们与时尚的关系比较远；另一方面，后两类网站，建议采取谨慎态度，不要轻信，也不要沉迷。

第四节　主要的时尚媒体组织

尽管各大媒体机构都会或多或少涉猎时尚领域，但是目前来看，主要的时尚媒体组织还是基于时尚杂志的出版集团，这些集团由于媒介融合化和媒体兼并重组的浪潮，不仅包含了多本刊物，而且发展出多媒体、全渠道的内容。以下就介绍一些比较有代表性的时尚媒体集团。

一、欧美主流时尚媒体

（一）赫斯特集团

赫斯特集团（Hearst Communications Inc）成立于1887年的美国，其创始人为报业巨头威廉·鲁道夫·赫斯特（William Randolph Hearst）。今天，赫斯特集团的业务涵盖报纸、杂志、电视、动画、出版、商业评级、媒体投资等诸多领域，其总部位于纽约，是全球排名前30位的综合性传媒集团。

细数赫斯特集团旗下的代表性媒体，首先就是创刊于1867年11月2日的《哈泼时尚》，其中国大陆版权合作刊为《时尚芭莎》（Harper's Bazaar）。它可以算是世界上历史最悠久的时尚杂志，在传奇主编卡梅尔·斯诺（Carmel Snow）的带领下，自20世纪30年代以来，成为引领时尚行业的重要力量，不仅定义了迪奥的新风貌（New Look），更发掘出一批像艺术总监亚历克赛·布罗多维奇（Alexey Brodovitch）、摄影大师马丁·芒卡西（Martin Munkácsi）、专栏作家戴安娜·弗里兰（Diana Verland，后来成为Vogue杂志主编）这样精英人才，他们共同开创了时尚杂志的黄金时代。

除了Harper's Bazaar，赫斯特集团旗下还有《大都市》，其国内版权合作刊为《时尚·COSMOPOLITAN》，Cosmopolitan，它也是海外版本最多的时尚杂志之一，读者更为年轻化，内容方面更偏重话题性，广泛涉及生活方式、娱乐明星、两性关系、职场、自我形象、个人情感等领域。对于服装模特而言，虽然Cosmopolitan没有Vogue和Harper's Bazaar那么高端，但是它的发行量和影响力也相当可观，能够出现在这本杂志上，也是很有分量的。

此外，赫斯特集团还拥有历史悠久的老牌男性杂志《君子》，其国内版权合作刊为《时尚先生》（Esquire）、全球发行量最大的男性杂志《男士健康》，其国内版权合作刊为《时尚健康·男士》(Men's Health)，以及它的姐妹刊《女性健康》(Women's Health)、针对主妇群体的《好主妇》(Good Housekeeping)、针对青少年群体的《十七岁》(Seventeen)、针对新婚的《新娘》(Brides)等众多杂志。

2011年，赫斯特集团从拉加代尔集团手中收购了包括了著名时尚杂志 ELLE、Marie Claire 在内100多本杂志的海外版权，这使得赫斯特集团一跃成为全球最大的时尚媒体机构。

(二)康泰纳仕集团

康泰纳仕集团(Condé Nast Publications Inc)诞生于1909年，是总部位于纽约的期刊出版巨头，其创始人为康泰纳仕先生(Condé Montrose Nast)。目前该集团隶属于纽豪斯家族(Newhouse Family)的先锋出版集团(Advance Publications)，旗下拥有被誉为时尚圣经的 Vogue、世界顶级男性杂志《智族》(GQ)、著名人文杂志《纽约客》(The New Yorker)、文化娱乐杂志《名利场》(Vanity Fair)、著名美容杂志 Allure、婚礼主题杂志《新娘》(Brides)、旅行杂志《悦游》(Conde Nast Traveler)、家居杂志《安邸》(Architecture Digest)以及互联网时代的重要期刊《连线》(Wired)等十几个品牌杂志以及众多海外版本，涉及时尚生活、文化娱乐的方方面面。

这其中，Vogue 杂志可以算得上是康泰纳仕集团的掌上明珠，它诞生于1892年的美国。一百多年来，在出版人康泰纳仕先生、艺术总监亚历山大·利伯曼先生(Alexander Liberman)以及戴安娜·弗里兰(Diana Vreeland)，安娜·温图(Anna Wintour)等著名主编的带领下，Vogue 杂志凭借高水准的编辑制作，汇聚了世界上最优秀的设计师，最具才华的摄影师与模特；也因此成为世界上最重要的品牌杂志之一，被读者奉为"时尚圣经"(Fashion Bible)。

目前，Vogue 杂志在全球已发展出20多个国际版本，其内容涉及时装、美容、生活方式、娱乐、艺术等多个领域。除了美国版，意大利版、英版、法版的 Vogue 在全球也都拥有一定的影响力。2005年9月，Vogue 杂志与《人

民画报》社进行版权合作，在中国内地发行《Vogue 服饰与美容》杂志。对于服装模特来说，能够出现在 *Vogue* 杂志的页面上，绝对是职业生涯的重要标志；而登上 *Vogue* 杂志的封面，在明星当道的今天，更是至高无上的荣耀。

今天，随着时代的发展，*Vogue* 杂志和整个康泰纳仕集团也不得不面对印刷媒体的衰落，集团旗下的几本刊物，如《悦己》（*Self*）、*Glamour*、*Teen Vogue* 和高端时尚杂志 *W* 都陆续停刊（或停止纸质版本）。为此，它们也在积极探索数字化转型，如 Vogue 网和 Vogue Runway APP，都非常有影响力。同时，集团也在开拓多元化的发展，如康泰纳仕时尚设计培训中心，不仅培养行业人才，也培育消费者。可以说，即使面对巨大的挑战，康泰纳仕集团仍然保持了它在整个时尚领域中的地位和一如既往的品质。

（三）华榭集团

华榭集团（Hachette Publisher）诞生于 1826 年的法国，1980 年被收购后重组为桦榭菲力柏契集团（Hachette Filipacchi Médias）；2004 年，又被拉加代尔集团（Lagardère Group）收购，成为其媒介业务的重要组成部分。华榭集团旗下拥有法国著名时尚杂志 *ELLE*、国内版权合作刊为《嘉人》（*Marie Claire*），以及著名家居杂志 *ELLE DECORATION*，国内版权合作刊为《家居廊》（*Marie Claire*）、老牌汽车杂志，国内版权合作刊为《名车志》（*Car and Drive*）等。虽然纸质出版行业面临挑战，华榭集团的母公司拉加代尔集团也出让了大部分的海外业务，但华榭集团在法国本土依然拥有很强的实力。

特别是旗下的 *ELLE* 杂志，创刊于 1945 年，风格更为年轻化，是法国最具影响力的时尚杂志，也是最早进入中国大陆市场的国际刊物。1988 年，华榭集团与上海译文出版社合作出版的《ELLE 世界时装之苑》，可以说是开中国时尚杂志的先河，对国内的服装设计、时装摄影、服装表演都产生了巨大的影响。此外，*ELLE* 在国内还开发出男性时尚杂志《ELLE 睿士》。

（四）加鲁集团

加鲁集团（Jalou Media Group）的前身，是诞生于 1921 年的法国高端时尚杂志（一般译作《巴黎时装公报》，*L'OFFICIEL*）。近百年来，*L'OFFICIEL* 在推动巴黎时装业复兴和发展的过程中，起到了重要的作用。2003 年 11 月，加鲁集团与中国丝绸进出口公司进行版权合作，将 1980 年中国内地出版第一本时尚杂志《时装 Fashion》改版为《时装 L'OFFICIEL》。目前，加鲁集团旗下已发展出时装类、旅游类、设计类等多本高档杂志，其在中国市场还出版《时装男士 L'OFFICIEL HOMME》、《艺术财经 L'OFFICIEL ART》等刊物，始终保持高端定位和精品路线。

二、国内的主要时尚媒体组织

（一）时尚集团

时尚集团（Trends Group）是诞生于 1993 年的中国本土时尚文化传播机构，其前身是《时尚》杂志社。自 1998 年以来，通过广泛开展国际版权合作，时尚集团陆续引入 *Cosmopolitan*、*Esquire*、*Harper's Bazaar* 等时尚大刊，并发展出高度本土化的《时尚 COSMOPOLITAN》《时尚先生 Esquire》《时尚芭莎》《男人装 FHM》《时尚健康·男士》《罗博报告 Robb Report》《时尚旅游》，衍生出《芭莎珠宝》《芭莎男士》等刊物，陆续发行了《时尚家居》《时尚健康·女士》《座驾》等自主品牌杂志。今天，时尚集团不仅全方位占领国内的时尚杂志出版市场，而且成为最具影响力的"时尚生活方式内容生产机构"，通过打造"内容 + 服务"的时尚生态系，成为覆盖生活方式各垂直领域的大型文化传播集团。

（二）现代传播集团

现代传播集团（Modern Media Group）是一家综合性跨媒体传播集团，其前身是成立于 1993 年的《现代画报》。1998 年，现代传播集团率先创办国内第一份综合性大型周报：杂志式报纸（Paperzine）《周末画报》，此后又陆续创办了《优家画报》《乐活 LOHAS》《生活》等十多份杂志，涵盖文化、艺术、时尚、生活方式、商业等内容。2010 年，现代传播集团引进法国时尚杂志 *Numéro*，出版《Numéro 大都市》；2017 年，又与美国时代集团（Time Inc）进行版权合作，共同出版《Instyle 优家画报》。比较而言，*Instyle* 创办于 1994 年，更多关注明星时尚；而 *Numéro* 创刊于 1998 年，致力于以更具艺术性和文化性的视角，报道国际时尚。

（三）瑞丽传媒集团

与欧美刊风格不同，日系媒体更注重日常穿着。由中国轻工业出版社与日本著名的主妇之友出版社进行版权合作的《瑞丽 RAY LI》系列杂志，主要有《瑞丽伊人风尚》《瑞丽服饰美容》，男性杂志《男人风尚 LEON》和家居杂志《瑞丽家居设计》，以杂志出版为核心，同时发展网络、图书、手机等多种媒体业务，兼营广告、发行、整合营销、模特经纪等立体化业务。

（四）财讯传媒

以《财经》《证券市场周刊》杂志起家的财讯传媒，经历了从专业媒体到消费类杂志的跨越。目前旗下拥有《红秀 GRAZIA》（2009 年与意大利阿诺多蒙达多利集团合作出版）《Time Out（北京）》、《Time Out（上海）》、《Time Out（英文）》（与英国 Time Out 出版集团合作）、《动感驾驭 AUTO CAR》（与英国 Haymarket 集团合作出版）、《体育画报 Sports Illustrated》（与美国时代出版集团、中国体育报业总社合作）、《美好家园 Better Homes and Gardens》（与美国 Meredith 集团合作出版）等多本版权合作刊。

（五）栩栩华生

成立于 2017 年初的栩栩华生虽然年轻，但是旗下拥有 *T Magazine*、*Wallpaper*、*NYLON*、*Kinfolk*、*NYT Travel*、*Drift* 等多个品牌内容的版权合作，正在以高品质的时尚内容为切入点，建构新的价值观念，影响高净值人群的生活方式。

（六）昕薇

由中国纺织出版社有限公司与日本著名的讲谈社进行版权合作，出版《昕薇 ViVi》杂志。在此之前，中国纺织出版社有限公司曾于 1995 年出版过《风采》，当时在业内也比较有影响力。昕薇虽然衍生的刊物不多，但是连续举办中国女孩大赛，也在积极开展模特业务。

（七）其他

如上海久尚与日本主妇之友合作出版《米娜 Mina》《卡娜 Scawaii！》，采取公司化的运作，所见即可得的时尚策略，将内容与服饰销售挂钩。广州丰采维讯出版《1626》、南京新力传媒出版《YOHO! 潮流志》，针对潮流青少年，借助网络平台和灵活的运作方式，将生产销售、服务资讯，消费互动打造成一条完整的时尚产业链。

第二部分 | 关于服装表演的制作

第八章　服装表演的基本概念

18 世纪在法国巴黎的文化沙龙有了时装表演的雏形后，19 世纪初期在美国纽约的埃尔利希兄弟（Ehrlich Brothers）、瓦纳梅克（Wanamaker's）和费拉德尔菲亚（Philadelphia）等百货商场也开始了小规模的时装表演的促销活动，而比较成规模的时装表演要追溯到 1914 年由美国芝加哥服装业制造协会（Association of Garments Industry Chicago）主办的一场由 100 多名模特在一个宽 70 英尺、长 100 英尺的舞台上展示了 250 套服装，并且连续演出了 9 场，观众达 5000 多人。这次活动不仅奠定了规模性服装表演的历史，也推出了 T 型舞台的概念，同时也为当今各大时装周的诞生和发展奠定了基础。

时装表演至今已经有了 100 多年的历史，不管其表演形式或者表演规模发生了什么样的变化，但无不为了一个目标——服装品牌的促销和推广，因此，我们把服装表演定义为：通过模特在特定舞台上的表演来达到服装品牌促销和推广的目的。

从另一个角度来看，就像画家要办画展、音乐家要开音乐会一样，一位成熟和成功的设计师要通过时装表演以最完美的方式、最理想的模特向大众展示自己的作品，向人们展示他们的才华以及对生活方式的态度，最终达到购买其产品的目的。

设计师的作品是原创，而时装表演则是通过音乐、特定空间以及模特的肢体表达对设计师作品的再创作。同一套摆放在人台上的时装作品，让其穿在有肢体表现的模特身上并在特定的舞台和音乐伴随中，对这一时装作品有着颠覆性的表达效果。就像阅读电影剧本和观看电影作品一样，剧本虽然提供了故事的背景和人物，但需要人们跟着剧本的文字在想象中体会作者的情感，而电影导演则是根据剧本的内容，以直观的、带有声光电、场景以及人物的表演的形式直接地交代给观众。我们把设计师比喻为电影剧本作者，他们提供了诸如材料、色彩和款型的基本设计元素，而服装的功能毕竟是穿着在人的身上才是最终目的，而时装表演正是把设计师静态的作品通过环境、音乐、灯光和模特的表演来完成其最终的设计效果。

既然把时装表演的艺术范畴定义为"再创作艺术"一类，因此时装表演所涉及的诸如舞美、音乐、模特、视觉等相关工作不是表现时装表演导演的情感，而是要利用可操作的相关手段和技能来表现设计师的情感、呈现设计师作品的内涵。

第一节　服装表演的属性

之所以把服装表演称为 Fashion show，而不是 Fashion Performance，主要是服装表演与其他艺术行为在功能以及表达最终结果上有着本质的区别，它不是单纯的娱乐产品和意识形态的文艺作品，更重要的是对人们当今的生活方式和社会经济有着密切的关联。

从艺术分类来看，把服装表演定义为展示艺术，而并非表演艺术。作为展示艺术，首先考虑的是被展示作品的需求，而不是表演手法的需求，这也正是服装表演的创作区别于其他艺术创作的关键。

一、服装表演的艺术性

音乐是时间艺术，没有时间的存在就没有音乐；美术是视觉艺术，没有视觉的存在就没有美术；而服装表演则是集时间艺术和视觉艺术为一体的综合性艺术。如果芭蕾舞剧是以肢体语言为主体的综合艺术，歌剧是以声音为主体的综合艺术，话剧是以语

言为主体的综合艺术，那么，服装表演则是以服装为主体的综合性艺术，这一艺术的表现形式除了集服装、音乐、舞美、模特肢体表现以外，还伴随着视觉艺术、空间艺术、妆发艺术、民间艺术而并存，同时还给人们带来生活方式和生活艺术进化的启迪和提示，因此，服装表演是所有艺术门类中涉及面最广的表现形式。

二、服装表演的时效性

服装表演的基本功能是为品牌的促销和推广服务，它的行为发生是伴随着服装在不同季节所推出的新产品而存在，服装表演的创作和实现过程要在新产品推出的周期内完成和执行，这个周期一般以季节为单位，具有很强的时效性，因此，服装表演的创作不像电影和舞台剧那样有充分的时间来酝酿、推敲和排练，而是要根据服装产品推出的具体时间来完成整个过程的制作和演出。从另一个角度来说，由于服装表演的创作和制作周期短，对于创作者来说，其知识的积累和经验的积累是确保在新产品的时效单元内完美策划和制作的关键。

三、服装表演的不可复制性

由于一般意义上服装表演是以推广服装新产品为目的，其发布的服装也是应季的服装，一旦发布的服装已经上市实现了销售，这一场服装表演就没有再次表演的意义了。从另一个角度来看，服装表演的资金投入是服装品牌公司的推广费用，其回收成本的方式是在产品实现销售中体现，而不是像一般舞台剧以票房和广告赞助来回收成本，因此，它不会像一般的娱乐性舞台剧可以多场次、多地点、多时间段的重复性演出，一般的服装表演的只有一次演出机会。我们也可以说，服装表演是所有表演艺术中单位成本最高的艺术形式。以一场中等规模的服装表演演出时间为20分钟和资金投入80万元来计算，每一秒钟的造价是666元。由于只有一次性的演出机会，任何在制作过程中出现的错误和不足几乎是没有修改和调整的机会。因此也有人经常把服装表演称为"遗憾的艺术"。由于服装表演的这个特性，对于执行者来说，其强大的执行力、应变力和计划性是减少"遗憾"的关键。

第二节　服装表演的分类

一、从服装品牌的属性上分类

从服装品牌的属性来看，服装表演分为成衣秀（Ready to Wear）和高级定制秀（高定秀）（Haute Couture）两大类。

成衣秀是成衣品牌推出的该品牌下一季节即将上市产品的流行趋势和用于制造话题的产品概念，观众对象一般是品牌的直营店长、代理商、经销商和集成店买手；而高定秀除了推出流行元素之外，更重要的是展示作品手工、匠心的工艺和特殊的面料，高定秀另一个功能就是充分展示设计师的艺术才华，作品偏重艺术性的创作，以增强来宾对设计师的认知度和依赖感，高定秀的观众以具有购买力的客人为主。在制作上需要每一个环节上要体现"高定精神"，也就是说高定秀是服装表演领域最顶端和最具有典范性的作品发布形式。当然不管是成衣秀还是搞定秀，媒体都是最重要的观众之一。

二、从服装表演的功能上分类

每年我们都可以看到数以千计的和琳琅满目和各种类型的服装表演，不管它们是什么规模、是什么样创新的手法和噱头，其目的都是服装品牌用于市场促销和品牌推广的手段，由于其市场目标和受众人群的不同，各个服装品牌都会根据自己特有的品牌文化、习惯爱好和营销手段做出不同类型的服装表演。不管这些服装表演如何五花八门，从其功能上分析，服装表演分为四大类型：

（一）订货型服装表演

关键词：实用的新产品，以让买家订货为目的。

这类表演的目的是让观众通过观看演出后实现订单，观众的结构基本上是以经销商或买手为主。演出的服装也基本上是可以成批量提供货源的服装（俗称"大货"），属于新开发的实用服装，大多数表演的服装可以在终端店铺出售。这类演出的重点是让观众尽可能地看清楚所展示产品的基本的材料、款型、色彩；这类演出在制作中并不一定要花费更多的经费来制造演出效果的"视觉冲击力"，也不一定需要制造强烈的舞台效果。

在订货会服装表演模特所表演的服装是企业最新和即将推出的款型，因此替客户保守款型的秘密，在上市之前不外露是参与服装表演的每一位工作人员和模特们最基本的职业道德的底线。为了款型的保密，订货会服装表演通常不邀请媒体参加，不邀请党政领导以及与订货无关的非专业人士参与和拍照。

为了尽可能展示订货产品的数量，一般订货会服装表演的时间比较长，每一位客人手里有一份参演服装的目录便于做记录。一般的订货会型服装表演还配合一个静态展，所有订货的产品均在静态展上展出，客人可以在观看演出后，有更充足时间在静态展区详细了解产品的特性，方便下单。

对于很多成衣品牌服装公司，举办订货会型服装表演是公司每年接受订单最主要的机会。订货会服装表演的举办地一般是在服装公司内或公司订货会指定的场地举行。一般每年分秋冬和春夏举办两次，随着市场竞争的需要，缩短新产品的推出周期，许多成衣品牌还经常按季节举办的小规模的看样订货会。

（二）发布型服装表演

关键词：有限度的夸张，以预告流行为目的。

这类演出的目的是设计师或品牌向社会展示自己的实力、增强经销商和买家对品牌的信任、给媒体制造报道的话题、充分体现品牌在下一个季节将要推出服装的造型、款式、色彩以及面料的流行趋势。发布会服装表演邀请的观众结构为时尚媒体、经销商、买手、供应商、重要的业内人士、明星类人物。

我们平时看到的各大服装周的品牌发布，大都属于这一类的服装表演。这一类服装表演所参演的服装在具有实用性的同时具有一定的夸张性，但是是有限度的夸张。

发布型服装表演演出的场地通常选择在有意思的场馆、临时搭建的场馆、服装周统一搭建的场馆或其他具有创意性的场馆。由于这类表演的目的是让人们引起对品牌的关注，因此能够充分地组织好媒体是这类演出成功的关键。这类服装表演的制作一般会充分体现品牌的文化和个性，在视觉表达方面下功夫。

（三）促销型服装表演

关键词：演的就是卖的，以促销为目的。

这类演出经常发生在百货公司、购物中心或专卖店内，观众是随机来购物客人。表演的服装是在商店可以买到的产品。促销型服装表演通常不会花费过多经费来邀请优秀的服装模特以及搭建奢华的 T 台，以实用为目的。

〔提醒〕

上述三种类型的服装表演的目的是要增强观众对品牌的认知程度，使人们对服装品牌有个良好的印象而增加对产品的购买力，因此这三类服装表演在策划和制作过程中要时刻考虑到观众的接受和承受能力，符合基本大众的审美取向，即要通俗又要有一定的创新和新鲜感。任何的夸张要控制在一般观众可以接受的范围之内。

（四）艺术创意型服装表演

关键词：设计师情感的发泄，以展示才华为目的。

这类表演是对设计师艺术功底和艺术才华的展示，像画家要举办画展和音乐家要举办音乐会一样，服装设计师是利用服装作品以及服装表演的形式来表现自我的情感（包括社会、人文、环境、宇宙等）。因此演出的服装可以不考虑服装的穿着功能、实用性以及市场营销的因素，作品在材料、造型以及色彩方面可以无限度和自由的夸张。一些高定秀就属于这一类的服装表演。

观众的基本构成以具有购买能力的会员、社会名流、艺术工作者、时尚及艺术媒体、评论家、相关设计界人员。服装的经销商或经营者并不一定是这类演出重点的邀请对象，因为他们会以市场营销的观点来评价服装作品，因此过多的邀请营销人员可能会引起相反的效果。

这类服装表演的场地通常选择在比较具有艺术气氛或具有创意性特点的场馆。

第三节　服装表演的基本元素

不管服装表演以什么样的方式来展现服装作品，都离不开四个基本元素。

一、视觉表现（Vision）

视觉是给一场服装表演带给观众自始至终的感受，从接收到的第一张请柬开始，到进场导引、环境氛围、舞美设计、座位形式，直到离开时的伴手礼物都是设计师给来宾的品牌意识的转达。

（1）主视觉：是设计师为了表述本场服装表演的设计理念而设计的包括色彩、图形和文字为主要元素的视觉表达。其他相关的平面和立体设计都是以主视觉的基础延展而生的。其中包括：

①请柬。

②宣传POP。

③工作证。

④路标导引。

⑤接待环境（接待台及背板、签到板、接待区环境、礼仪人员服装等）。

（2）观众席的摆放形式和色彩。

（3）舞美设计。

（4）模特妆发。

（5）伴手礼品。

二、模特（Models）

模特是服装表演最主要的载体之一，通过模特的肢体和表情将静态的服装作品赋予生命力。模特也是设计师在设计服装作品过程中最理想的穿着对象，不同的模特也许会对服装作品赋予不同表达语言和感受，因此正确的选拔模特是一场服装表演中设计师最主要的工作之一。由于每一位设计师的审美背景的不同，对模特的选拔结果不一样，关注模特的方式也不同。同一位模特对一位设计师来说也许是完美和理想的，但对另外一位设计师来说也许就不是理想的模型。

一场服装表演对于模特的问题将会有如下的考虑：

（1）模特的面试。

（2）模特的使用策略。

（3）模特的调教和启发。

（4）模特的管理。

三、制作（Productions）

制作是体现设计师作品最主要的执行环节，也是在一场服装表演占用资金成本最高的部分，一个完美的制作过程是确保设计师作品以及生活方式的正确表达。服装表演的制作过程是包含着品牌文化、艺术创意、工程技术、科技与材料、行为管理的体现过程，是一个综合性的系统工程，其中包括：

（1）舞美工程的设计和制作。

（2）视觉物料的制作。

（3）音乐和视频的制作。

（4）后台的制作。

（5）现场的执行和管理。

四、媒体传播（Communication）

服装品牌花费如此大的精力和财力来制作一场服装表演，除了为了现场的几百号观众之外，更重要的是制造一个可传播的话题，通过各种媒体的传播渠道向消费者表达品牌的存在、传达流行趋势、送达新产品的信息，最终达到促销的目的。

为了达到广泛传播的目的，在正常的服装表演之外还会制造一些可供传播的亮点，如明星名流的介入和事件的设计等。

由于媒体的传播是一个相对独立和极为专业的板块，不仅同样需要策划和创意，同时也需要相对专业的资源整合，包括媒体的策划、新闻稿的撰写、活动话题和亮点的提取、媒体的执行、后期的服务等，因此，一场完美的服装表演不仅需要一个专业的制作公司，同样需要一个专业的媒体服务公司来承担媒体传播的工作。

制订一个切合实际和性价比高的媒体传播公关计划是一场完美服装表演不可缺少的组成部分。

第九章　服装表演的策划和创意

任何一个设计师和服装品牌都希望其所要推出的服装表演具有特色、创新和与众不同，这也正是服装表演的策划者的责任和应该掌握的技能。由于服装表演属于再创作艺术，是根据发布服装主题为前提的命题创作，这样会受到很多方面的制约，包括创作的主题限定、执行周期、操作条件和经费的制约，我们不一定要像纯艺术创作那样强调"绝对的完美"，作为应用艺术，服装表演的策划和创意要在"表达服装作品""表达设计师的情感"的基础上，在"企业能够接受的预算"为前提下，达到"最佳性价比"的结果。

第一节　掌握品牌发布的基本信息

有些人认为，只要把客户的服装配上音乐、搭建个T台、找几个模特走台就是了，其实这只是初级策划者对付初级的客户的做法。作为一个职业的服装表演策划人和编导在开始策划和创意之前要确定和掌握客户对本场发布会的基本信息。

一、了解设计师和企业主

在开始启动服装表演的创作之前，想办法以某种方式了解设计师和企业主的背景是至关重要的步骤之一，包括：

（1）企业在同行业中的地位、规模和盈利模式。

（2）企业文化或品牌文化背景的要点。

（3）企业主在管理以及文化意识方面的个人喜好。

（4）本次活动要达到的目的。

一位精明的设计师或企业主绝不会一上来就让服装表演的创意者直接拿出创意方案，而是以最大的耐心和勇气将所要表达的东西毫无保留地向创意者倾诉，让创意者充分了解他们的偏好、品牌文化和企业文化，这是任何一个成功的服装表演不可缺少的步骤。

二、了解设计师原创作品的设计灵感来源

也许"服装作品的设计灵感"是一个伪命题，但是为了让所有参与的服装表演创作的人员（舞美设计、音乐设计、主视觉设计）有一个共同的创作参照物，"设计灵感"还是必要的。因此在开始创意之前要充分了解设计师的设计灵感的出处，即便有些成衣设计师根本就没有考虑"灵感"之类的事情，作为服装表演的创意者要与设计师沟通寻找出一个可供所有创作人员参考的创作元素。

三、确定服装表演的目的

在决定制作一场服装表演前首先确定演出的目的，是订货？发布？炫耀？还是展示品牌实力？因为只有明确了演出的目的才能准确地邀请观众、制订演出投资计划。一般来讲，一个成熟的品牌每年举行服装表演的时间是相对固定的，大多数的品牌是在春季或秋季服装换季或公司经销商年会时举行服装表演。根据品牌的实力、经营方式、企业文化的不同，举办服装表演的概念也随之不同。通常，实力较强的或比较习惯在市场上炒作的企业一般会热衷于发布型的服装表演；规模小或比较低调的企业一般都比较务实，以举办订货会型服装表演为主。如果是举行发布会型的服装表演，规模都比较大，在邀请经销商的同时，邀请时尚媒体是非常重要的。如果是订货会型的服装表演，由于表演产品的视觉冲击感不是很强，建议没有必要邀请媒体以及与订货会无关的人士参加，因为在没有非常抢眼的作品时，可能会给媒体和外行带来负面的反应，他们看不懂所表演的服装所具有的市场潜力，有时会认为产品没有创意。

四、确定观众结构

邀请到正确的观众是演出成功的关键，否则花费如此大人力、财力和精力为一些外行、非专业、非买家做一场专业

的时装发布，会成为自娱自乐结果，也可能会带来负面的效果。在服装表演的策划时，首先要确定观众的结构：

（1）经销商或买家（国内 / 海外）。

（2）固定消费群（有记录的经常性的消费者）。

（3）供应商（原辅料供应商）。

（4）媒体（时尚媒体、新闻媒体、社会及都市类媒体、娱乐媒体）。

（5）社会支持机构（工商、税务、银行、政府）。

（6）社会名流（明星、要人）。

五、确定设计师和企业之间的关系

服装品牌分为设计师品牌和企业品牌，设计师品牌是以设计师的名字命名或由设计师所拥有的品牌，如阿玛尼、范思哲、卡宾、例外等。设计师在企业中具有举足轻重的地位。策划设计师品牌的服装表演要充分理解设计的意图，根据设计师的概念来引深活动的创意方向；而企业品牌的主导是企业所有者，如爱慕、波司登、白领、普拉达、麦丝玛拉等，设计师是为企业服务的，在企业中只是"打工者"，在策划企业品牌的服装表演过程中，聆听设计师教诲的同时，务必要了解企业主的目的和用意，充分把握好设计师和企业之间关系。

六、确定客户对服装表演投入资金的数量级

资金的投入是非常现实的问题，根据资金投入的数额来策划服装表演可以做到有的放矢。服装表演的资金投入是个弹性很大的数额，花费 1 万 ~ 2 万可以举行服装表演，花费上百万甚至上千万举行服装表演也不为过分，因此，企业要根据自己的目的和能力事先设定好投资数额，在有数的资金内有目标地做演出策划方案。一些较有经验的企业在要求公关公司或制作公司制作演出方案前，会告知其对演出投资的大致数额或数量级，以免大家做无用功。

第二节 服装表演的整体设计

在掌握了服装表演的基本信息后，下一步要做到就是对这场服装表演有一整体的设计，换句话说就是要有一个大的框架，在确定了这场演出的大的框架的前提下再进行局部的细节的设计和策划。否则一开始就深入到某些细节策划，容易造成方向的偏离而浪费时间。

一、服装表演场地的选择

香奈儿在巴黎大皇宫的演出、皮尔·卡丹在敦煌沙漠的演出、王新元的长城秀以及布达拉宫前的模特大赛之所以让世界所震撼，其独特的表演场地起了重要的作用。演出场所的确定实际上对演出的风格已经有了个基本的定调，选择一个适合的演出场所是演出创意的一个重要组成部分。

服装发布的场地是体现一个服装设计师或者一个服装品牌的风格、气度、实力以及本场发布会需要向社会表述的外在表现。一般来讲，服装发布的场地选定了，其发布作品的风格、主题、目的以及表演形态基本上就明确了。因此，选定服装发布的场地是服装表演整体策划的第一步。

我们不要求所有的服装表演都要选择一个震撼的、一般人想象不到的发布地。也并不强调发布场地越离奇越好、越是名胜古迹越好。服装发布会场地选择的原则：恰当 + 性价比 + 可行。

在选择服装发布场地时要考虑如下几个因素：

（一）品牌文化的因素

每一个时尚品牌都具有其特有的品牌文化和品牌特点，外向张扬、时尚前卫、雍容华贵、高雅宜人、活泼跳跃、另类、低调、内在品质等，而用于服装发布的场地也同样具有其文化的含义，如果能够找到这两个文化含义的共性，这样的场地选择就会是成功的。我们不可能将米索尼的服装表

演安排在一个夜总会里来演出，也不可能将 G-star 品牌的演出安排在一个五星级酒店的宴会大厅来表演，因为这些场地的气场与上述品牌的文化不匹配。

（二）发布主题的需求

一般来讲，每一场服装发布设计师都会赋予一个发布主题，特别是中国的设计师和品牌在这方面更会刻意寻求一个"具有文化涵养"的主题，而这一主题的呈现其实就是给寻找发布场地和媒体推广宣传制定了一个基本的方向。如果表演场地所具有的风格和特有的文化氛围能够与发布主题相吻合是场地的最好选项。

品牌	发布主题	场地选择	场地特点
雅戈尔	《金色雅戈尔》	万豪酒店	豪华奢侈
卡宾	《未来世界》	D-Park79罐	神秘、另类、酷
歌力斯	《光影》	中国电影博物馆	电影的遐想
皮尔·卡丹	《画廊》	798区的大厂房	艺术家才会喜欢的地方

（三）发布场地功能的需求

在确认服装表演的场地时，需要了解下面的功能，这对整体策划和创意设计都会有很大的帮助。

（1）面积、高度（长宽高）（是否有吊点、吊灯），从而可以计算能容纳观众的数量？

（2）观众是否容易到达（交通的方便程度）？关于交通问题根据观众的结构来决定。

（3）观众及工作人员的舒适程度（空调、卫生间、餐饮服务）？服装表演是典型的时尚活动，如果给客人的最基本的舒适条件都不具备，何以谈时尚？

（4）搭建舞台的工程是否方便（进景通道、装卸货、物料存放）？

（5）是否有足够的用电量？

（6）是否会扰民？

（7）消防和安全是否可以达标？

（8）是否有足够的装台时间？

（9）会不会由于地点的不可抗因素而取消场地的使用？

（四）常用时装表演场地的分析

1. 在酒店举办服装表演

酒店是中国时尚品牌经常选择的做时装秀的场地。高档次的酒店具有宽阔的多功能厅（或宴会厅）和舒适的环境，又具备周到的软件服务以及完善服务设施，因此充分利用酒店的服务和设施举办服装表演是个简便和省事的选择。在酒店举行服装表演要注意如下事宜：

（1）是否有可以控制观众的单独通道？

由于观看演出的观众瞬时到达和瞬时离去的时间相对比较集中，因此观众的人流要与酒店正常客人有分流，否则观众会影响酒店的正常营业。

（2）是否有足够的用电量？

一般酒店的设计没有考虑到演出的用电量要求，因此要与酒店的工程部协商用电事宜。一般小型演出的用电量不得小于 80 千瓦，较有规模的演出用电量在 300～400 千瓦。如果在表演大厅没有合适的配电柜而要从配电房特别送电，要确认从配电房到表演大厅的电缆线由谁来负责（电缆线可能是个不小的费用）。

（3）设备搬运是否方便？

一般酒店地处繁华的地区，由于舞台灯光音响的搬运要涉及卡车以及搬运工人，因此要考虑：

①是否有专用的搬运物品的通道。

②是否有专用的运货梯（电梯或者楼梯）。

③卡车行驶时间是否受限制？在城市中卡车通常要晚上 10:00 以后才可以进入城市。

④在表演大厅演出或排练的声音会不会影响酒店其他客人？

酒店是个公共场所，较大规模的酒店可以同时举办若干个集会、宴请或其他活动，在确定酒店的演出场地之前，要确认别人的活动是否会影响服装表演，同时服装表演会不会影响其他活动的进行。

2. 在特殊的场馆举办服装表演

一些较有实力或注重创意的企业愿意寻找具有特色的场所举办服装发布会，特别是 90 年初期乔治·阿玛尼（Giorgio Armani）在米兰郊区的废旧工厂举行的时装发布会给我们了一个启示——高档次的时装发布会不仅仅只是在高档次的地点举行。从此，

一些另类和独具特色的场所经常性地被设计师们和服装表演的制作人们所关注，如工厂厂房、地铁站、火车站、飞机场、特色酒吧和餐厅、游泳池、沙滩、古堡、具有特色的建筑，甚至未完工的建筑工地和一望无际的大沙漠也成了服装发布会的场地。中国著名时装设计师王新元在不同的具有特色的场地举行的服装表演都给人们留下了美好的印象。

部分设计师和品牌在国内特别场所举办过服装表演：

1989 年	皮尔·卡丹	北京故宫太庙
2000 年	王新元	宁波天一阁藏书楼《天一夜宴》
2001 年	王新元	北京居庸关长城《长城秀》
2003 年	王新元	北京前门城楼
	王新元	苏州园林 - 退思园
	卡宾	北京电影制片场特级摄影棚
2004 年	刘洋	北京开关厂废旧厂房
2006 年	阿玛尼	上海大剧院的舞台后
	皮尔·卡丹	北京明城墙角楼
2007 年	皮尔·卡丹	敦煌沙漠
2009 年	波司登	丽江玉龙雪山脚下蓝月谷
2010 年	波司登	张家界国家森林公园
2011 年	波司登	九寨沟甲蕃古城
2017 年	郭培	巴黎古监狱
	皮尔·卡丹	甘肃黄河石林峡谷
2017 年	雪歌	厦门关云上沙滩

由于特别的场所一般都没有完备的演出设施，因此在这些地方举办服装表演，其工作量要远远大于在酒店举办服装表演。

（1）疏通管理当局：这些场所一般都没有举办过类似的演出，因此要有足够的耐心和理由与场所的管理人员沟通，说明活动的意义取得管理当局的理解和配合。

（2）充分利用场所的特点：既然选择了特别的场所，在演出环境、舞台以及观众席的设计要充利用这些特点，否则就失去了特殊场所的意义。

（3）解决好用电问题：这些场馆一般都不具备演出所用的动力电，在没有办法解决大功率电源的情况下，使用发电车是有效的解决办法。因为发电车的噪声较大，因此其停放的位置要在不影响观众听觉的范围之内。在时间的安排上避开大功率的灯光用电也是解决电源的有效法。比如2001年浪琴表选择在故宫珍宝馆举

行产品发布会，由于故宫出于保护文物的原因，不可能使用大功率电源，同时也不允许发电车进入。根据这个原则，策划人员安排在天黑之前结束了演出，这样不仅解决了用电问题，也大大减少了灯光的费用。

（4）解决好对客人的服务问题：特殊的场所一般没有像酒店般的服务和服务设施，因此可以考虑从有经验的酒店邀请软件服务，包括：

①餐饮服务：可以让酒店提供外卖服务，包括餐桌椅以及餐饮用具。在邀请餐饮服务时，一定要找具备餐饮服务资质的单位，因为餐饮资质单位对食品及饮料的卫生许可、餐具的卫生消毒指标以及符合卫生规范的服务程序有着明确和正确的执行指标。切不可由工作人员自行向客人提供餐饮服务，因为一旦出现卫生和食品问题，主办单位要负完全责任。在寻找酒店时，要看酒店是否有具备外卖经验，这主要表现在：

a. 是否有足够的用具（包括必要的可移动的用具、可移动的加热炉子、桌子、餐具的集中搬运设施、防尘防污设施、移动消毒设施等）。

b. 是否有足够的服务人员。

c. 是否有足够的应变能力和设施（如空调机、帐篷、供电设施等）。

d. 是否有外卖配餐经验（在配餐设计上，外卖和在酒店内的配餐有着很大的区别，外面的配餐在一般配餐的基础上还要考虑操作的简便易行，但又不能制作成快餐，因此需要厨师具有一定的经验）。

②服务（包括卫生间用品）：一些不具备卫生间服务的场所，可以从酒店聘请专业的服务员负责卫生间的管理、保洁以及必要用品配置。必要时可以租用"移动厕所"。

③存衣服务：存衣服务看起来是个不起眼的事情，但这不仅标志着活动的档次，而且对客人的财务保管还有着重大责任。必要时建议可以邀请酒店提供专业的存衣服务，包括专业的存衣设施。

（5）交通：一般通往特别演出场所的交通不像去往酒店那样方便，因此在安排演出计划时要特别关注交通问题，让观众能够顺利而方便地找到演出场地是一场成功的服装表演策划的重要组成部分。

（6）停车位：很多观众会开车去观看演出，因此准备足够的停车位并雇佣专业的停车管理人员，是一场专业的服装表演必不可少的服务。

二、环境视觉的设计

当观众到达服装表演的现场时，首先感受到的就是演出现场环境视觉的内容，环境视觉的设计是在主视觉的基础上延展而来，包括色彩、造型物以及相关主视觉的衍生品。环境视觉的设计不仅仅是服装发布艺术创作上的需要，同时还包含着给来宾提供便捷和周到的服务的内容。环境视觉的创作从某种程度上表达了本场发布会的风格和内涵，同时也是服装发布会规格和水准的体现。

按照行走的路线的顺序，包括：

（1）停车场（下车点）：有明显的停车或者下车的标识，让来宾很容易找到通往发布会场的路线。

（2）通往发布现场的通道：这是最容易忽视而且一般是比较枯燥的空间，一些有意思的标识性和指引性的设计会增强本场发布的规格。

（3）现场入口：可以根据发布会的主题风格或者主视觉设计安排标识性的装置、道具、花卉等。

（4）存衣间：如果是在冬季的发布会存衣间尤为重要。如果是雨天的发布会，要考虑安排雨伞的存放。如果是在非节假日举办服装发布会，许多来宾是从工作岗位上赶过来，要考虑安排更衣室，给来宾提供更换服装的方便。

（5）签到区：根据需要，签到区可以包括主题背板、媒体签到台、来宾签到台、礼品堆放区、来宾签名区。

（6）静态展示区＋酒会区：静态展可以包括服饰产品的展示、图片的展示、制作工艺的展示、品牌或者产品理念的

展示。而酒会区的设计要考虑到酒水台、吧台、食品及饮料的准备间。准备间的位置要尽可能躲开产品展示区域。

三、服装表演流程的设计

（一）流程设计的基本原则

服装表演的流程是整个活动组织的主干线，任何创意、设计都应该按照流程的要求来展开。

1. 可操作性

很多编导或者策划者总是希望把流程设计得具有创新和独特，但任何创新和独特都是在可操作的前提下的，包括资金投入的数额、工作人员配备的数量、对现场的掌控能力、现场空间的状况、现场搭建的可实施性、与周边环境的融洽

程度等。

2. 简洁明了

如果设计的流程过于复杂，会让来宾感到是一种负担和莫明其妙，这就不是一个成功的流程设计。

3. 不出现重复性的事件

对流程中发生的事件要进行分类和归纳，不要出现重复性的事件。比如，如果在酒会上领导致辞，那么在T台上就不要再安排领导讲话之类的内容；如果安排设计师要在演出结束时谢幕，那么在演出之前，设计师最好不要在观众中出现。

（二）演出前的流程

1. 走红地毯（或者穿越主题隧道）

邀请来宾走红地毯是比较隆重的服装表演采用的方式，如果选择这样的观众入场方式，要特别注意的是红地毯周边要有相对吻合的环境，而且切忌不要使用廉价的地毯材料。作为时尚活动地毯的颜色也可以选择与发布主题相配合的颜色，而并非一定是红色。如果设计有红地毯的环节，一般要安排有围观的观众和摄影记者，一个没有人观看和没有记者竞相拍照的红地毯环节是没有意义的。

2. 签到

可以选择在签到簿上签到，也可以选择在立式的签名板上签名。而对于媒体的签到，一般需要登记媒体的单位以及联系方式，以便稿件的回收。

3. 酒会

演出前的酒会不要安排烈性酒，以香槟和软饮料为主。如果是午餐或者是晚餐后的酒会一般不需要安排小食品。在酒会期间，如果能够安排适当的经典的小型演出可能会增强现场气氛，如器乐演奏、歌手演唱等。

4. 引导观众进入演出现场

如果能够设计一个比较有意思的方式引导观众从酒会区进入到演出区，将会增强这场服装表演的趣味性。

（三）演出中的流程

一般专业的服装表演只是单一的表演，除了几乎没有什么额外的流程，但是中国的服装表演，经常会发生在庆典之中（开闭幕式、庆典等），因此会有一些流程的设计。

1. 致辞和讲话

一般专业的服装发布会在演出前不安排致辞和讲话之类的事件，但如果是经销商大会、特殊礼仪的需要也可以在演出开始之前致辞，但要简短，因为观众在入座后的心理状态是尽快看到服装表演的开始而不是听领导讲话。根据我们的经验，一个领导的讲话安排在 3 分钟左右，超过这个时间观众就会失去耐心。

2. 服装表演

由于服装表演不像歌剧、话剧等舞台表演艺术有故事情节来带动观众的情绪，而只是单一模特的走台，舞台表演形式比较单一，如果时间过长会引起观众在视觉和听觉的疲劳而不耐烦。美国人做过试验，观看服装表演的观众，最集中精力观看的时间只有 7 分钟，过后 7 分钟观众的注意力就很明显的分散，所以纽约时装周的服装表演一般在 10 分钟左右，而欧洲的服装表演一般也不超过 15 分钟左右。在欧美的时装周上一般一场服装表演展示的服装在 40~50 套。

（四）演出后的流程

1. 媒体采访

在演出时，设计师正处于兴奋状态，在这个时候安排采访不仅可以拿到第一手新闻，而且这样的行动也是设计师心里的需要。

2. 派对

演出结束后安排派对可以延续观众对演出的效果的情绪，同时也是与观众沟通和交流的好时机。一般如果安排了演出前的酒会，一般不安排派对。派对的气氛一般与演出前酒会不一样，需要强烈的音乐和气氛来延续观众在演出中兴奋的状态。

第三节　服装表演的创意

我们已经反复强调，服装表演的创意不同于电影、舞蹈以及音乐的创作，可以随着作者的喜好来进行选题，服装表演的是对设计师作品的再创作，这些命题的诉求并不是凭空而来的，是在一定的创作元素、素材、动机的积累的基础上来完成的。这些积累来源于创作者平时对社会动态、文化素养、生活积淀、姐妹艺术、信息资讯的积攒和关注。因此，一个优秀的服装表演的创意者的文化背景和社会经验积累对于创作来说是至关重要的。由于每一个创作者的生活状态和文化素养不同，其对设计师的作品的理解和表现方式就不同，能够完美的表达设计师注入在时装作品中的情感是时尚编导最基本职责。

我们不一定要求服装表演的创意者是全能的人才，毕竟一个人不可以能掌握所有的知识和常识，善于学习和知识补养、注重生活的积累是任何一位创意人才最起码的素养。

一、表演风格的确定

服装表演与服装一样有着明显的流行趋向，其流行的趋向也同样是在简约和复古之间来回交替，但这种交替并不是简单的重复，每一次的流行浪潮总是比上一个回合更具有时代的烙印和年代的元素，这其中包括高科技、新技术、新的生活方式以及社会新话题的带入。表演风格的确定是服装表演创意最基础的部分，其他的相关的细节，诸如场地的选择、舞台设计、模特选择、音乐制作、环境布置等都是根据表演风格而展开的。

从表演形态上来说，我们把服装表演的风格归纳为：

（一）系列组合式的表演

设计师比较注重服装色彩和款型的系列组合，根据服装的系列分配，模特以两人或者多人组合的方式表演，这样的表演有强烈的系列感，早年的服装表演大都采取这样的式。由于系列组合式的服装表演是按组别出场的，一场演出容纳的服装数量比较大，在舞美设计上要考虑舞台的容积量能够适合多名模特的横排、组合和有队形的展示。这类的演出使用模特的数量相对比较多（模特的费用预算也相应增加）。当今仍然有一些国际品牌沿用这样的表演方式，如乔治·阿玛尼、皮尔·卡丹和 D＆G 等。

（二）逐个的服装表演

模特以单人一个一个地出场展示，没有特殊的队形和舞台调度的变化，一些精品和高级时装一般是以这种方式进行的。逐个的服装表演风格可以让观众更集中精力关注每一件服装作品，这是当前普遍使用最多的表演方式。

（三）带辅助节目的表演

有些设计师为了表达其作品的某种意境和情感需要在演出中加入其他的艺术表演手段来补充其服装作品的内涵，如舞蹈、声乐、器乐演奏等。著名时装设计大师约翰·加里亚诺（John Galliano）在他 2003 年巴黎的服装发布中就加入了一段中国功夫的表演，取得了非常好的效果；大家熟悉的维多利亚的秘密内衣秀更是邀请了每年格莱美大奖的歌手的加入烘托其演出的气氛，已经成为这一品牌具有代表性的演出形式。

（四）带情景或场景的表演

以舞台剧的形式，使用场景的变化或者设有特定的角色来表现服装作品的内涵。

（五）利用当代高科技的手段的表演

当代高科技的出现也是时尚节所追逐的元素，自从1996 年乔治·阿玛尼把 LED 大屏幕用于舞台的一部分，把现场模特穿着的服装的局部细节夸张的放大在 LED 大屏幕上，利用高科技的潮流一直都被很多服装品牌所追捧。全息投影、精准对位、机器人机械手、遥感技术等高科技行为也不断出现在服装表演之中。

二、寻找演出的亮点

一个好的服装表演创意，并不是刻意地去追求新奇和独特，而首先要考虑的是实用和可操作性，能够充分展示服装作品的内涵。服装表演在表演形式上不像其他影视剧那样具有故事和情节，也不像音乐节目具有鲜明的个性。形式上的单调和雷同也许是这项表演艺术的特点。在国际国内每年成百上千场的服装表演中，怎样使你的服装表演不被淹没？让人们对这一场服装表演有记忆点？唯一的方法就是在策划和创意阶段就寻找出与别人不一样的亮点。

（一）表演场地选择的不同

在前面已经讲过，一个出人意料或让人难以想到的表演场地就是一个最重要的创意点。场地选定了，这场服装表演的基本风格和概念就已经有了，这也是一些经典和成功的服装表演常用的手法之一。

（二）舞台设计的特点

香奈儿的赌场秀和超市秀、古琦的手术室秀、LV 的火车头秀、卡宾的游乐场秀经过这么多年，人们可能早已忘掉了其服装的造型和色彩，但是在人们的记忆里仍然还是那些具有特点的舞台设计。由于服装表演在模特的表演形式上很难突破，因此在舞台的设计上给人耳目一新的感觉是增强人们对这场演出记忆力的有效措施。可以选择如下方法：

1. T 型台的高度、宽度和造型上的变化。
2. 整体舞台立面和平面造型和色彩的变化（改变黑白的惯用色）。
3. 整体舞台立面和平面材料的变化。
4. 机械动作的变化（推拉、移动、升降等）。

（三）观众座位的特点

在现代的服装表演制作中，观众席的设计已经是表述品牌风格的元素之一。2005 年乔治·阿玛尼在上海举行的服装表演中，木制的阶梯形的观众席只有三排，而且每一个座位都配备了一个制作精美的由皮革包装的海绵坐垫。乔治认为，这样的设计是让每一位观众都会有最好的角度和最舒适的姿态来观看他的作品，这是对每一位观众的尊重。卡宾 2004 年的服装表演中没有给观众设计座位，所有观众是站着观看表演的，观众可以随着演出节奏而运动，这正是卡宾品牌消费群的风格——好动、反向思维、不拘一格。在观众席的设计上可以采取如下方式：

（1）观看姿态的变化（坐、站、靠、高登、圆桌围坐等）。

（2）座位造型的变化（椅子类、板凳类、阶梯形）。

（3）座位色彩的变化。

（4）座位材质的变化。

（四）灯光效果的不同

不同的灯光设计效果也可以界定品牌的风格，比如古琦的表演总是采用追光灯，将所有的光都集中在前行的模特身上而忽略其他元素的存在（舞台和背板的材料、质感、灯光架的造型等），这也是古琦品牌一贯崇尚的简洁和高傲的风格。在灯光的概念处理上可以选择如下方式：

（1）由 Truss 架承载的聚光类灯具。

（2）全部使用追光灯。

（3）追光灯和聚光类灯具配合使用。

（4）其他另类的方式。

（五）高科技的应用

高科技在服装表演中的应用是最时髦的方式，这包括新视频设备的应用、新材料的应用（包括背板的包装材料和台面的铺设材料）、新型灯具的使用（如激光灯类、电脑灯类、移动技术等）。随着科学技术的不断进步，高科技的新生事物会不断地出现，把这些高科技的产品巧妙地应用到服装表演当中，是服装表演创意的捷径之一。

（六）演出前后的活动安排的特点

在服装表演前后安排一个具有特色的酒会、Party 或者静态展会增强人们对本次活动的记忆。而这些活动在环境设计、设施设计、餐具设计、服务方式上要有独具特色才会有效果。

（七）音乐设计的特点

选用具有特色的音乐表现形式对表演服装的风格会有至关重要的作用。比如，选用某一个地域特有的音乐元素；选用某一个历史时期的音乐元素；选用某一个音乐家或者乐队的音乐元素；选用某一种音乐体裁的元素。

（八）神秘嘉宾的出现

神秘嘉宾可以上台充当"模特"，也可以是观众嘉宾或主持人，但重要的是要考虑到你所邀请的神秘嘉宾的形象和口碑与要表现的品牌的风格是否相符。

（九）开场或结束方式的不同

制造一个不同寻常的开头或结束方式是许多服装表演常用的手段之一。

（十）表演方式的不同

对于服装发布来说，从表演方式上突破不是件容易的事，曾经有人尝试过用情景剧的形式、舞蹈的形式等来表现服装，或者在服装表演中加入一些其他表演艺术的元素也可以达到一定的效果。

（十一）观众入场方式的不同

在观众的入场方式上打主意是创意一场服装表演的辅助手段之一，让观众在入场过程中就可以感受到品牌要带给他们的信息。2001年迪奥在为香港市场而举办的服装表演场地选在澳门，其目的是让香港的观众要乘坐特殊布置的游艇从香港直接到达澳门的演出场地的门口；2005年报喜鸟在敦煌的时装发布会，所有观众要骑上骆驼漫步在沙漠中才可以进入到发布会现场，这样独特的入场过程会使每一位观众会记忆一辈子。

（十二）请柬设计的不同

请柬是向观众表述品牌风格的第一个信息，因此独特的请柬设计往往是一场富有创意的服装表演的重要元素之一。在请柬的设计上可以从如下方面来考虑：

（1）请柬的尺寸规格。

（2）请柬的色彩和材料。

（3）请柬的制作形式。

（4）请柬的包装和送达方式。

卡宾的发布会在这方面曾经有过很多的尝试，2003年卡宾在北京电影制片厂的服装表演，其请柬是拍摄电影用的"打板"，而2004年卡宾的"凌晨两点"的时装发布会的请柬是汽车车牌，这些设计都给人们留下了深刻的印象。

（十三）现场环境设计的不同

由于活动经费的原因，现场环境的设计往往是设计师最想做但最不容易做到的事情。

一场完美的发布会，现场环境的布置是表达品牌信息的重要元素之一。

（十四）视频应用的特点

以前由于设备技术的原因，视频只是介绍品牌信息的辅助手段。20世纪80年代末期香港人使用柯达电脑控制的多体联动幻灯机把服装表演设计的丰富多彩而让欧洲人刮目相看，而Barco、Pani和PiGi灯的出现也被香港人最早应用在服装表演上。而进入21世纪LED技术的出现，乔治·阿玛尼抢先把这一新的视频技术应用在了服装表演上，并且是作为演出的主体出现的；现在高亮度和极光投影机的出现也为服装表演视频投放奠定了技术上的基础。现在的科技发展，不管是LED技术和投影技术的应用都已经普及了，但是如果采用视频技术在内容的制作上需要大量的时间和经费，内容要符合发布服装的风格需要专业的视频制作团队的同时也要花费很长的制作周期，资金费用是首先要考虑的问题。

（十五）模特选择的特点

选择符合品牌风格的模特固然是每一个设计师都应该明白的事，但如果在这方面做一些大胆的尝试也许会有着不可估量的效果。1996年在意大利品牌竞争最为激烈的年代，意大利著名设计师克里琪亚（Krizia）邀请了45位中国模特赴米兰担任她的服装表演的模特，就是这一个简单的决定，给Krizia当年带来了巨额的订单。2007年郭培在北京国家会议中心的秀，邀请了国际上著名的78岁的职业模特卡蔓（Carmen）来担任压轴模特，这一事件被很多国际时尚媒体争先报道，也是这场秀的一个重要记忆点。

第四节　主视觉的延展

一、主视觉的创意

在构思一场服装表演之前，首先应该做该场演出主视觉设计。主视觉是服装作品的发布者对本次发布作品的创作灵感、构思、理念以及其他想要传达给观众和媒体的表述，是应用图案、文字、色彩和构图等元素设计的平面设计作品。主视觉是一场服装发布的最基本的创意元素，它将对相关的平面设计、环境设计、舞美设计以及表演形态的创意有着指导性的作用。

二、相关物料的设计

根据主视觉效果的设计，可以着手其他平面物料的设计和制作。一般来讲，在这些物料的设计中应该采用主视觉的主要元素或者其延伸的元素。物料包括：

（1）请柬：是展示给观众服装发布的第一个视觉印象，因此，请柬的设计和创意应该是所有平面物料中的重中之重。请柬的设计并不一定是在纸张的造型以及图案上下功夫，如果可能，可以在材料以及形态方面下点功夫，这样可能会给来宾留下深刻的印象。

（2）演出画册：比较隆重的服装发布才会制作演出画册，在演出画册中应该印有主办单位、赞助商、主要制作及创意人员的名字。在美国，由于服装发布基本上是纯商业性的，服装表演的画册就是节目单，一般需要把所演出的服装按照出场顺序在面料、色彩和款式上做说明，以便买家订货。

（3）工作证：可以用同样的设计和不同的套色来区分前台证、后台证和通用证。隆重的演出需要工作人员的照片。

（4）停车证：必要时可以分为普通车证和 VIP 车证。由于停车证需要与请柬一起邮给客人，因此在设计时要注意整体尺寸能够放入信封。

（5）路标指示牌：路标的设计务必要有在请柬中使用过的视觉设计，这样即强调主视觉的推广，同时也方便客人看到。

第十章　服装表演的执行

一场成功的服装表演在有了策划和创意案之后，最重要的就是赋予完美的执行，换一句话说一场服装表演的执行过程同时也是体现这个服装品牌对时尚的态度以及设计师对生活态度的表现。

第一节　建立一个可控的执行团队

社会发展的一个重要体现就是社会分工的细分，专业的人做专业的事。服装表演是一个系统工程，囊括这个诸多的工种和专业，把这些工种有效的组织起来，分工明确、各尽其责才能制作出一场完美的服装表演。

制作团队主要由创作人员和执行人员组成，这些人员不一定是公司的固定员工，但应该是有着长期合作的基础，熟知服装表演的流程和特点，减少沟通成本。

一、创作团队

（1）导演（Director）：组织整个演出创意。

（2）执行编导（Choreographer）:负责演出的现场执行。

（3）舞美设计（平面设计）：舞美的设计。

（4）音乐编辑（视频编辑）：音乐视频的制作。

（5）灯光设计。

二、执行团队

（1）制作人（Producer）：负责演出合约和成本控制。

（2）后台导演（Cuer）：根据编导的口令控制后台模特的出场。

（3）组织（line up）团队：负责后台模特出场顺序的管理。

（4）后台总监：负责后台人员和物料的管理，后勤管理。

（5）舞美监制：负责与舞美搭建团队的沟通，监控搭建进度和质量。

三、外协团队

（1）搭配师。

（2）妆发团队。

（3）舞美搭建团队（包括灯光、音响、视频、特效）。

（4）模特统筹团队。

（5）公关媒体团队。

（6）安保团队。

第二节　模特的选配和面试

模特属于本色类的"演员"，虽然每个模特都是通过自己的头、肩、腰、胯、腿、手、脚以及眼睛的造型来表现服装作品，但由于每个人的骨骼架构、肌肉构成的形态不同，每个人对肢体造型的理解和感觉部位不同，另外，每一位模特的生长环境和文化背景不同，这些原因造成了每一位模特特有的表现风格和表现手法。一般来讲，服装表演希望每个模特都有着不同的特点和表现手段，但这些个性有的是符合品牌风格的需要，而有些则与品牌的风格不符。即使是顶级"名模"，他们的风格和表现手段也并不一定完全符合品牌的风格。

一、模特的选配

模特是组成服装表演的重要元素，正确选配模特、把握好模特的配比需要逐步积累经验。每一位设计师都希望选择到"好"的模特，但这里提到的"好"并不是越贵、越著名越好，而是要选到"合适"的模特，要选出与演出品牌的风格相吻合的模特。由于每一位客户或者设计师对模特的看法都有所差异，因此，模特面试时应该主要听取客户的意见。在米兰和纽约，制作公司只是提供面试模特的组织工作而不参与模特面试的意见，由设计师或者客户直接决定模特的人选。

一位成熟的设计师在其服装的设计过程中，其实已经有一个理想穿着者的影子和概念，对于成衣设计师来说，脑海里更多的是普通人群影子，对挑选模特的范围有一定的宽松度，也比较容易根据模特的实际情况来选搭模特。对于高定设计师而言，模特的要求远远高于成衣模特，要求模特的身高、围度、骨骼结构、皮肤颜色和质感、形象属性、气质属性等方面要有特性和记忆性，因此，高定模特成为模特行业中的顶级阶层，他们主要的服务品牌比成衣模特要窄很多。高定设计师对模特的要求可以用苛刻来形容，因为在他们设计的每一件作品的过程中，就已经对模特的形象有了预先的想象，在面试中寻找到他们想象中

的形象是一件不容易的事。

对模特的选配注意以下几个原则：

（一）根据预算来制定选配模特的方案

众所周知，任何设计师都希望使用最好的模特来展示自己的服装，但是实际执行中这几乎是不可能的事情，受到各方面条件的制约。通常的做法是对使用的每一位模特有一个平均价格的预算，在这个预算框架结构内来挑选模特。

（二）对不同类型模特的选配

1. 不同肤色模特的选配

由于中国已经逐步进入了国际时尚大家庭，逐步成为国际模特的聚集地之一，欧美模特和南美模特签约于中国的模特公司已经是平常的事件了，在各种模特的面试中，欧洲模特、黑人模特、南美模特随处可见，这对设计师来说选择的余地和范围更广了。

对于一般成衣品牌来讲，一场服装表演，应该有一个主流肤色的模特，这个主流肤色的模特应该是该参演品牌的主要销售对象，因为这样可以证明该产品适合这个主流肤色的人群的气质、工艺、款型和色彩。但是适当增加少量的其他肤色的模特也许能够增加这场服装表演的趣味性。

2. 不同发型发色模特的配比

全世界主流模特的发型基本上是长直发，这是所有品牌使用最

多的模特群体。因为在发型的制作上，长直发有很强的可塑性和延展性。但是如果在一场服装表演中，加入个别短发（甚至是无发）和其他颜色发型的模特，或者加入一些不同眼睛颜色的模特，也许会增加这场服装表演的趣味型。

（三）名模特的使用策略

一般来讲，名模具有一定的演出经验和知名度，对展示服装和媒体推广都有一定的帮助。但是模特并不是万能的，在选择名模时要看这位名模的气质、形象和文化背景是否与发布服装调性是否相匹配？

来自加拿大的超级模特琳达·伊万格丽斯塔（Linda Evangelista）以冷酷的高雅而著称，让她来表演瓦伦蒂诺的礼服是再好不过地选择了，但是如果让她表演运动装就不一定是她的长项了。来自英国的超级模特凯特·摩丝是另类和个性模特的代表，作为CK的代言人是再好不过的了，但是如果让她穿上瓦伦蒂诺的红色礼服也是感觉不对劲的。

（四）模特价格说

模特作为时尚产业的一个有必要存在的职业，具有他们的价值，模特的价格也是随着他们价值而制定的。尊重模特价值的存在是国际上设计师普遍的行规，也就是说，设计师有多少预算就雇佣什么价格的模特。刻意的砍模特的价格是对模特存在价值的否定，就像设计师都不希望买他们的作品少付钱，因为付钱少了就相当于不承认设计师作品的价值。欧美的主流设计师一般是不会恶意砍模特的价格，这是他们对模特人格的不尊重，如果预算不够，可以更换便宜的模特。越是优秀的服装品牌支付给模特的费用越高，这些品牌希望通过模特口碑的传递对这个品牌正面和赞美和推广，因为模特代表这时尚圈的主流群体。

二、模特的面试

（一）选择一家专业的模特统筹公司

同一家模特公司具有"合适性价比"以及"合适类型"的模特数量不一定能够满足一场服装表演的需要，而是多家模特公司共同联合在同一场服装表演里工作，于是出现的服务与设计师和模特公司之间的模特统筹公司（团队）。他们掌握和熟知各模特公司签约模特的基本情况，根据设计师的需求先进行初选，然后再组织面试，这样减少了设计师面试模特的工作量。另外，由于模特统筹公司每一年承接的服装表演的数量要远远多余一般设计师的演出数量，因此统筹公司有机会在价格方面优于设计师直接预定模特的价格。

从社会分工来看，模特经纪公司主要的工作是挖掘模特新面孔、包装推广签约模特，而模特统筹公司的工作是为设计师寻找"适合"的模特，对同一场服装表演中，不同模特公司的模特进行管理和协调。

从另一个角度来看，聘请专业的模特统筹公司，可以规避服装表演中的模特使用中的法律的风险，减少模特工作的支付和模特个人税收的麻烦。

（二）给出明确的信息

一个专业的模特面试，需要通过一张面试通告让模特公司和模特了解这一场时装表演的基本，避免做无用工。

（1）本次演出将要表演的服装类型。

（2）需要什么类型的模特。

（3）需要什么价位的模特。

（4）表演的场地。

（5）试装、彩排和演出的时间。

（6）模特的身高范围。

（7）对模特发型的要求。

（8）是否有特别暴露的服装。

（9）对模特面试着装的要求。

（10）模特面试时是否可以化妆？

（11）模特是否需要携带模特卡及模特画册。

（三）模特面试的方式

1. 集中面试

将所有要参加面试的模特在同一时间集中在同一个场地，这样的面试比较容易进行模特之间的对比，对于经验不多的设计师来说是个不错的方式。但这种方式通常需要有个宽敞的面试场地，分为模特的等候区和面试区。由于模特集中在同一时间面试，需要等候的时间比较长，有些模特由于档期的原因也许不能出席。另外，由于参与模特的人数比较多，现场氛围比较复杂，造成面试工作比较粗糙而不够专心。

2. 分散面试

设计师到不同的模特公司去面试，这样可以更好地了解各模特公司的模特资源。但设计师会花费较多的时间和路程奔波于各模特公司之间。

3. 开放面试

由在某一特定时间段内，模特可以根据自己的时间安排随时来参加面试，这是欧美的服装表演普遍采用的方式。这样的面试方法，不仅设计师可以有充分的时间来思考模特的选配，对于模特来说也是比较人性化的。但是唯一的问题是设计师要有足够的时间来等待模特的到来。

（四）面试中对模特的观察

（1）模特整体轮廓的观察（整体身材比例、肤色、发型）。

（2）细节的观察和测量：

①形象类型。

②围度＋宽度。

③腰节位置。

④腿型＋臂长。

⑤皮肤（是否有疤痕、斑痣、文身、过敏性）。

⑥步态。

⑦表情（如果需要的话）。

⑧鞋的尺码。

⑨是否有耳孔。

（3）意向穿着哪一套的服装作品。

（4）如有模特有时间，可以试穿 1~2 套服装。

（五）确定的问题

（1）试装、排练和演出时间。

（2）对暴露服装是否有忌讳。

（3）是否有竞争品牌形象禁用的问题。

（六）关于模特卡

一个没有模特卡的模特一定不是一个职业模特，最起码不是一个认真对待自己职业的模特。虽然现在有了电子模特卡，但是设计师们还是喜欢在纸质模特卡上做一些标记来记录对这个模特的印象，利用纸质模特卡对挑选的模特进行分类和对比后做最后的确认；同样，模特统筹用纸质模特卡来区分不同的模特公司，方便沟通和确认。因此，纸质模特卡配合电子模特卡是当今国际模特面试最普遍的做法。

（七）模特的录用通知

因为签署模特聘用协议需要一个过程，为了确保选中的模特不被别的设计师提前预订，在确定模特的人选后应尽快以"模特录用确认书"的形式通知模特公司，并且要得到模特公司的确认，因为录用通知下达之前，任何一个模特都有可能被别的设计师录用。

因为模特公司给模特一天要安排几个甚至十几个面试，哪一家服装公司最先确认将有可能得到这位模特的机会比较大。当然模特公司也会考虑服装品牌的影响力以及服装品牌愿意支付的费用。大品牌和支付费用高的服装公司得到模特的机会会比较高。当录用通知书下达给模特公司后，服装公司还要等待模特公司最终的确认，才能确定这位模特可以被录用。一般来讲，当模特的预定确认发出后，没有特殊原因设计师不能轻易取消订单，否则要给予模特公司补偿。

（八）备选模特

在实际运作中，通过面试选中的模特也有由于遇到不可抗原因而不能参加演出，因此在面试期间，要选择几名备选的模特。

第三节　模特的试装

参加服装表演的模特选好了，设计师最期盼的就是试装，尽快知道新设计的作品穿在被选定的模特身上是什么效果？尽管事前做了大量的准备工作，但服装穿在不同的模特身上会产生不同的视觉效果，试装中将不同服装作品在模特身上搭配和组合、纠正工艺缺憾、选择辅助的配饰等这些事情虽然琐碎和具体，但对于设计师来说服装是一件令人愉快和具有成就感的事情。所以，对于设计师来说，模特试装的过程实际上是个再创作的过程，是将作品呈现给观众前最后一次调整的机会，也是设计灵感发泄的最高级的表现。

试装是服装表演必不可少的程序，是模特正确穿着服装的必要过程，在试装过程中，设计师、造型师要善于根据每个模特不同的特点来分配服装，也要及时调整不协调的服饰搭配。有时一套服装穿在一个模特身上不一定是最合适的，但如果换个模特，可能就会达到设计师最理想的穿着状态。在欧洲等发达国家，模特的服装是按小时计费的，尤其在时装周期间，模特公司给模特试装的时间只有 30 分钟，因此，为了节省费用，节省占用模特的时间，在试装前设计师会做好充分的准备。一个有经验和负责任的设计师，一般要进行两次试装，即小试装和大试装。

一、小试装（在工作室进行）

小试装是参演模特试装前期的准备。一般欧美的设计师在设计和打板阶段就习惯于使用"试衣模特"，这样制作出来服装作品的"穿着准确度"比较强。

小试装需要聘请 1~2 位有经验的模特，这些模特应该具有试衣模特的技能，能够很好地配合设计师的工作，甚至有能力参与对服装搭配和工艺方面的讨论。小试装的目的：

（1）检验服装工艺的合理性。

（2）是否容易穿脱，是否适合模特在演出中的"抢装"。

（3）扣子、带子、拉链等位置是否安装合理。

（4）某些部位工艺结构是否合理、是否便于模特的行走。

（5）板型和局部的尺寸是否正确。

（6）模特穿着方式的处理。

（7）服装、饰品和鞋子的搭配。

小试装是保证全体模特参加的大试装成功的基础。在小试装中，设计师或造型师务必完成表演服装的配饰品和鞋子的搭配。其实这是一个有趣的再创作的过程。如果没有小试装而直接在全体模特参与的大试装中解决工艺问题和服饰搭配问题，一方面会造成全体模特时间的浪费，重要的是模特会认为设计师是不专业的，从而有损于设计师的形象。实践证明，小试装做得越充分，大试装就会完成的越顺利。

小试装完成了，所有表演服装的搭配和出场顺序也基本上完成了。在没有完成这项工作之前，建议不要轻易地进行大试装。

二、大试装（在宽敞的大厅中进行）

如果设计师或造型师对参演的模特和服装比较熟悉，为了节约模特的时间并有个安静的试装环境，可以将模特分为若干个小组进行试装，也可以每 2~3 个模特为一组试装，每一组 20~30 分钟。也有的设计师对分组试装没有把握，习惯于全体模特一起试装来相互比较服装的穿着效果，这样就需要寻找一个宽敞和光线较好的场地进行。

试装既然是服装设计创作的一个组成部分，制造一个良好和舒适的试装环境是非常必要的。在试装的房间里播放轻松的音乐会、安排一些咖啡、软饮料和小点心，认真做好试装场地的布局，不仅方便工作，让所有参与试装的人员处于舒适愉悦的状态中参加工作，同时也是体现设计师尊重自己的作品和展示自己对生活的态度。

试装场地的布局需要在模特到达之前布置完毕：

（1）模特等候区：备有饮料和足够的椅子，模特在这个区域更换试装袍和拖鞋，备有衣挂。

（2）试装前服装存放区：参演服装按照出场顺序摆放。

（3）配饰和鞋的摆放区：这个区域有足够的空间将全部配饰品和鞋子全部摊开，便于搭配师取拿。

（4）试后服装存放区：已经确认模特穿着的服装，挂上模特的名字和出场顺序编号。

（5）试装拍照区：为了保证拍摄的试装照整齐划一，背景干净，需要准备拍摄背景板，同时准备确保服装色彩还原度的灯具。

（6）导演组工作区：这个区域是导演组的工作区，配备桌椅、打印机、电脑、拍摄器材、脚本制作工具、KT板摆放架。

三、参与试装的主要人员分工

（1）设计师：把控整体服装穿着的基本调性。

（2）搭配师：根据设计师的意图执行具体的试装工作，包括服装的搭配、调整和穿着方式的实施。

（3）编导组：服装协助搭配师记录服装的出场顺序清单、试装拍照、记录配饰清单、把控试装的秩序和进度。

（4）模特统筹：负责模特的管理，监督模特按时到达时装场地。

四、试装需要准备的工具

1. 足够的带轮子的龙门架

龙门架分为三组，即试装前使用、试装后使用以及淘汰的服装使用。

2. 足够的小衣架

为了保证模特在抢装时容易拿到服装，每一套服装应该分别用专业的上衣衣架、外套衣架、内衣衣架、裤子衣架、裙子衣架分别悬挂。

3. 鞋袋

与服装配套的鞋需要装在一个袋子里与服装挂在一起。

4. 配饰袋

将模特使用的配饰、头饰放在一个袋子里与服装挂在一起。

5. 立式穿衣镜

供模特看到自己穿着服装的效果。

6. 工具箱和缝纫机

工具箱内应该有基础的、用于做服装修改的工具。

7. 数码照相机及照片打印机

为了试装后让设计师、编导掌握所有模特穿着服装的状况，每一套试好的服装（服装、配饰、头饰、鞋）应该由这套服装的模特穿着进行拍照，并立即打印成照片供设计师排序、对比和记录试装最终效果。

8. 小吊牌

小吊牌在填写好确定的模特的名字和出场顺序号后挂在每一套确定的服装上。

9. 服装信息板

为了让演出后台相关的人员在最短的时间内了解模特的着装，需要为每一套服装制作一个记录板并挂在小衣架上，内容包括：

（1）出场序号。

（2）模特的名字。

（3）模特定装照片。

（4）配饰、头饰和鞋的照片。

10. 供设计师使用的桌椅

在试装前，千万别忘了给设计师以及编导安排一个舒适的长条桌子和椅子，这样不仅方便设计师以及编导的案头工作，而且对设计师也是一种尊重。桌子最好是用白色桌布包装，预备一些彩色马克笔、胶带等办公用品以便随时使用。

11. 足够的KT板

（1）所有参演模特的照片。

（2）设计师预先计划的出场顺序的照片。

（3）定妆照片。

（4）确定的模特着装和配饰、鞋的照片。

12. 试装袍＋拖鞋

试装袍类似于浴袍形状的服装，当模特到达试装地点后，换上试装袍，这样方便换脱衣服节省试装时间，模特也不会将自己服装和私人物品与参演服装混在一起。

在白领的服装表演前，身着试装袍的模特（左起）李晔、王丽娜、边彦阳在后台候演

第四节　音乐的选配

在服装表演是由诸多的艺术元素构成的，音乐是不可或缺的一个组成部分。音乐是服装作品的情感转达给观众的辅助听觉感受，当视觉艺术（服装作品）与听觉艺术（音乐作品）寻找到一个它们所共同的可以表达的形象和情绪时，就是设计师和编创人员所追求的境界。

服装表演编导在选择演出音乐，首先，要注意所选乐曲的风格、表现形式要与服装的表现内容相符合。其次，乐曲体现的思想情感要与所表现的服装相互关联、相互呼应。除此之外，音乐的节奏感和延伸感也应是选择的必要条件，由于服装表演是一个动态展示过程，音乐节奏的快慢直接影响着模特展示的步调节奏。随着服装表演形式的多样化发展，服装表演中的音乐选用也变得越来越多元化，在一些为了体现某种前卫的、夸张的、区域文化性的、具有戏剧效果的服装展示当中，音乐并非想象中的那样与服装相契合，偶尔的格格不入的音乐搭配也使服装表演产生特殊的艺术效果。总而言之，音乐的选取在服装表演中要符合整体的表现主题。

时尚编导给模特"说戏"的最好方法就是让模特认真地听音乐，让每一位模特从音乐的旋律、节奏、配器以及音效的处理中来体会编导对这组服装表演的要求，从音乐中找出时装作品的内涵。

一、收集音乐素材的途径

对于服装表演的音乐，有些设计师或者时尚编导愿意自己选配，但更专业的做法是聘请一位有经验的音乐编辑，把自己选配的音乐以及想到的目标告诉音乐编辑，由音乐编辑最后来完成音乐的整体编辑和制作。

（一）海外音像店淘宝

利用出差在我国香港和欧美国家的音像店购买，这是最传统的搜集音乐的方法。海外的音像店里音乐的品种多、分

类全、出版新品的速度快，最方便的是可以试听，这样就可以选择地购买。但在海外购买正版的音乐的费用很高，一盘CD最少需要十几美元，有些好CD可能要花掉20～30美元。而大多数的国内的音像店是不可以试听的，虽然比较便宜，但选中的成功率不高。

（二）网上下载

现在网络上很多音乐网站，这是我们目前寻找音乐最主要的渠道。

（三）找音乐制作人购买或者订购素材

有很多音乐制作人会储备一些制作好的音乐素材，只要将这些素材编辑制作就可以用于服装表演。如果是一些重要的演出，也可请音乐制作人定制音乐。

（四）找专业DJ

一般的音乐DJ都储备大量的音乐素材，可以从中选择有用的部分。

二、音乐素材选配的种类

服装表演中根据服装作品的需求，有可能选配到各种类型的音乐，包括：

（一）按照音乐的风格分类

（1）电子音乐。
（2）古典音乐。
（3）电影音乐。
（4）中国民族音乐。
（5）外国民间音乐。
（6）打击乐。
（7）特殊音乐家或制作人专辑。
（8）爵士乐。
（9）独奏类音乐。
（10）歌剧、舞剧、音乐剧及其他舞台剧音乐。

（二）按时装表演的用途分类

（1）基本走台音乐（重节奏、轻节奏、旋律感强的、没有节奏的、没有旋律的、柔美的等）。
（2）特效音乐（风声、雨声、打雷闪电等）。
（3）观众进场及退场音乐。
（4）领导及主持人上场音乐。
（5）谢幕音乐。
（6）宏大的音乐。
（7）颁奖音乐。
（8）酒会及派对音乐。

三、音乐的选配

（一）保持音乐风格的统一

一般来讲，在同一场服装表演中，应该有统一的音乐形象。比如，以电子音乐为主、以古典音乐为主、以电影音乐为主、以中国音乐元素为主等。不同风格音乐的交叉使用要过渡的自然流畅，否则会在音乐形象上造成"大杂烩"的感觉。当然，统一和出其不意是有矛盾的，但只要处理得巧妙，也会构造出好的听觉效果。

（二）音乐的色彩感

色彩是人们对服装视觉的第一感受，音乐虽然是听觉艺术，但其也有着强烈的视觉色彩的感受。如果红色礼服配上《蓝色多瑙河》就会感到不对；把黄色的服装配上《神秘园》的小提琴也会感到别扭；如果把白色轻柔的服装配上克莱德曼的钢琴可能会有一种轻柔和美妙的感觉；而黄色飘逸的服装配上喜多郎的电子乐也是比较恰当的。因此在选配音乐的过程中，要认真体会和感受音乐给我们带来的色彩的感受。

（三）音乐的重量感

服装的重量感是设计师对服装设计的基本手段之一，而作曲家在编写音乐作品时通过其配器、节奏和速度也能表现出重量的感觉。如果我们能够找出相配的具有同样重量感的音乐，一定是对服装作品最好的表现方式了。在轻柔的小提琴独奏的旋律中配上笨重的靴子和厚重的服装就会感到难受；相反用快速和强低音节奏的音乐来衬托飘逸的丝绸长裙，也会有差异感。

（四）音乐的质地感

质地是形容服装面料的词汇，但如果我们认真地分析和感受音乐，也会从音乐的旋律和节奏中找出一种质地的感觉，这是服装设计师和时尚编导比其他艺术形式的编导所具有的特殊的对音乐的感受和理解。

（五）避免"万能音乐"

对于有主题、有风格和有思想的服装作品，我们不能认为音乐只是音乐而已，只要放出声音、有节奏就是服装表演音乐了，不管是什么风格的服装都可以随意地配上音乐，因此就会出现"万能音乐"这个名词。即便是同一首音乐作品，其面对不同环境、不同灯效、不同舞台上甚至对于不同的服装作品会有着不同的效果和感受。

（六）音乐版权意识

随着我国法制社会建设得越来越成熟，音乐版权问题必将成为我们制作服装表演音乐的大问题。这对于我们一直沿用的东拼西凑音乐素材的习惯是个非常大的挑战和打击，因此，尽快将服装表演音乐制作的规范化、专业化、合法化已经是势在必行了。在发达国家，音乐版权是件非常严肃的事情，越是著名的设计师或品牌越是注重版权方面的事情，如果冒犯会遭到法律的制裁。欧美的服装表演制作一般都是由专职的音乐制作人（有些编导自己也亲自制作音乐）改编或者编曲，设计师或者编导向这些音乐制作人购买使用版权，如果是选择成品的唱片作为服装表演音乐，需要交付版权使用费。目前在北京和上海，有极少数的音乐制作人根据编导的意图为服装表演制作音乐，但这是需要支付费用的。特别是在电视台播出的节目更要特别注意版权问题。建议我们在没有音乐制作人的情况下，尽量选择有出处的音乐素材（包括有出版社或者发行商的名字、电话、传真、邮件地址等），然后再向中国音乐家协会著作权委员会缴纳版权使用费。一般来讲，如果我们不是用于在市场上销售的音像制品，只是在现场播放，每首曲子的使用费并不会很贵。关键是我们要建立版权意识。当然，音乐的版权费可以向服装发布品牌来索取。

第五节　演出前案头工作及现场的执行

服装表演的编排并不是指编导拿着麦克风在台上大喊大叫，因为服装表演是多工种和多设备介入的系统工程，少则几十人，多则上百人都会介入到演出的筹备和排练过程中，制定一个完整的排练计划、充分做好案头工作是确保演出成功必要的过程。

一、脚本的制作

服装表演的脚本的就像乐队的乐谱一样重要，是连接所有前后台演出职员唯一和最有效的工具，通过脚本可以让各工种明确自己的职责以及时间节点，因此制作一套演出脚本是一场服装表演执行过程中不可缺少的一个组成部分。

（一）流程脚本

流程脚本一般是以文字为主，按照演出的顺序和时间节点来制作的，由以下人员来使用。

（1）后台导演以及所有出场口的催场员、模特及演员统筹。

（2）前台催场员。

（3）音响DJ。

（4）特效控制人员。

（5）灯光控制人员。

（6）视频控制人员。

在演出脚本中要明确地标注出上述工种执行的要点。脚本的制作要简明扼要，不要过于复杂，尽量避免形容词的堆砌，因为在紧张的演出过程中演出职员不可能去阅读大量的文字。由于演出现场工作区灯光的照度有限，脚本最好是电脑打印的，要大于小四号字，这样看起来比较清楚，也容易临时修改和标注。

每一位编导可能都有自己制作脚本的习惯和格式，最重要的是能够让所有相关人员看得简单和方便。

（二）图片脚本

图片脚本是由模特试装的照片而排列的出场顺序，这样比较直观地看到整场演出的服装和模特。一般图片脚本分为打印脚本和大板脚本两种，打印脚本供前后台技术人员使用，大板脚本是打印脚本的放大版，方便供给设计师、音乐编辑等技术人员开会沟通沟通使用。

二、排练计划的制定

因为服装表演不像其他表演艺术那样有着充分的排练和修改的时间，做好排练前的完善案头工作、制订一些不可抗因素的预案是现场执行的首要的工作。一个科学的排练过程是确保一场完美演出结果的必要过程，这是任何一项表演艺术都必不可少的，但对于服装表演来说，这并不是件容易的事情。由于服装表演是一次性的演出，需要在临时租用的场馆里临时搭建舞台，而由于装建、舞台、灯光和音响的时间占据了租用场地的大部分时间，因此挤缩排练时间是服装表演排练中最经常发生的事情。要在有效的时间内达到编导的要求，制作一个细致的排练计划是非常必要的，在排练计划中要考虑到如下事项：

（1）排练的时间节点。

（2）以什么样的方式能够让模特和技术人员明白你的创作意图。

（3）排练的顺序。

（4）对烦琐部分的排练方式。

（5）对最具效果的部分的排练方式。

（6）对最容易部分的排练方式。

（7）对特别人物的排练方式（如明星或主持人）。

（8）在脚本上注明重点事项。

三、排练的实施

根据服装表演的特性我们把服装表演的排练分为如下步骤：

（一）技术排练（Technical Rehearsal）

技术排练一般指没有模特和其他演员参与情况下的排练。

1. 技术排练的目的

（1）检验所有设施的工作进展程度。

（2）各技术部门之间相互了解所有设施的功能和动作要点。

（3）对编导要求的特殊效果的进行设置和调试。

一般来讲，技术排练一定要安排在模特排练之前完成，在保证各项设施能够运转的情况下，在模特排练中可以根据

模特的位置随时进行细节的调整和编程。一名优秀的编导，要训练你的舞美队习惯于技术排练，让舞美队养成必做技术排练的好习惯。在技术排练中，应该要求所有技术部门的技术人员和管理人员全部到场，以便对不合适的设施、结构进行调整和协调。

2. 在下列情况下可以开始技术排练

（1）舞台的全部装置安装调试完毕。

（2）灯光对光、调光台分号和编程完毕。

（3）音响调试完毕（麦克风可以工作）。

（4）视频调试完毕。

（5）对讲机系统可以工作。

（6）特效设备安装调试完毕。

（7）有舞台、灯光、音响和视频操作人员到位。

（二）模特排练（Model Rehearsal）

给模特进行排练毕竟不是给设备排练，操作失误了可以毫无限制地反复练习。而模特的体力和忍耐力是有限的，因此这就要求我们的排练者，在排练之前务必要做好排练计划，切忌无准备的排练，尽可能避免由于排练者的过错或技术方面的问题而让模特反复地重复这一动作。现代的服装表演，制作者们会花费很大的精力在舞台、环境和其他方面做包装而简化模特在T台上过多的队形变化和造型方面的动作。

最"业余"的模特排练就是一开始就让模特在台上排队形。服装表演与其他表演艺术不同，它没有剧情的发展和故事的连续性，而只有模特的肢体语言和面部表情的表述。另外，模特又不像影视演员那样有充足的时间来体验角色的内涵，因此在模特排练之前，编导有责任组织全体（必要是包括技术操作人员）开个"排前会"，在"排前会"上，编导要做如下事项的陈述：

（1）简单介绍品牌和设计师的概况。

（2）讲解本场演出的基本创意构想。

（3）对模特在演出中表现的要求，其中包括表情、步态和整体感觉。

（4）说明演出的"亮点"的处理方法以及特殊手段的处理方式。

（5）发放"舞台排练简图"。

（6）讲解舞台的基本构造。

（7）排练时间的安排。

（8）其他相关的事项。

（9）介绍设计师或演出投资者。

（10）介绍工作人员分工。

在给模特进行排练中，要注意到如下要点：

（1）如果有可能，从礼节上和对演出的理解上考虑，应该请设计师或者投资者给模特们讲几句话，让他们表达对本场演出诉求。

（2）在排练中，跑场员负责根据脚本的顺序让模特排队，而催场员根据编导的口令让模特出场。

（3）为了更好、更快地让模特明白编导的意图，建议在排练阶段，所有模特坐在观众席上，在每一场的排练之前，编导和助手在T台上向模特讲述（最好是做示范）该场次音乐和灯光的要点、出场位置、退场位置、造型点的位置以及其他应该要求的事项，然后再由催场员和模特管理将该场的模特排好队带到后台开始排练（在前台给模特安排一个临时的台阶便于上下T台用）。

（4）在进行初步排练时，为了模特有两套以上的服装，为了让模特知道进行的场次，最好让模特手拿服装。如果不方便拿服装，编导要在每一场排练之前向模特告知排练的场次和服装的主题，以免浪费时间。另外还应该让模特明确出场口和退场口的位置。

（5）如果是比较复杂的多出场口的舞台，要让模特养成使用舞台排练简图，在图上标注出自己的位置和注意事项。如果有模特临时没到，要指定一名其他模特（或缺席模特的经纪人）代替缺席模特的位置，并有责任将排练的结果转告给缺席的模特。

（6）一为优秀的编导，能够以最简单而有规律的方法和表述让模特明白编导的意图，而一名没有经验的编导，会把模特在台上支使地乱转，不仅耽误排练时间还使模特们的体力受到消耗。

（7）在排练过程中，有些编导习惯用麦克风指挥模特，但如果能够配合肢体语言（手势、动作、示范性的动作、示范性的位置）将对排练会有很大的帮助。

（8）在给模特排练的同时，编导还需要向灯光的特殊位置、音响和视频的特殊处理向技术人员给出提示，以便技术操作人员将设备和台上的模特对位。

在这里要特别强调一点，很多技术部门的职员不注重模特的排练，认为模特排练跟舞台技术无关，往往利用这一时间继续埋头调整设备，这是一种非常不专业的行为。当编导给模特排练时，会在舞台上调度和调整模特的出场

口、行走路线、造型点以及给模特讲解音乐的变化和灯光的处理，有经验的灯光师、音响师、视频师以及舞台装置操作人员，在这个时期会跟着编导的排练，根据模特在T台上的位置以及编导的提示，尽快进行调整和修改脚本中不明确的部分，在脚本上标出自己熟悉的操作记号。

（三）合成排练（Full Rehearsal）

（1）合成排练的目的是让所有参加演出的模特及舞台技术人员根据节目的发展对位，包括模特的位置、音响、灯光、视频以及舞台装置动作在内的所有舞台动作。

（2）为了提高合成排练的效率，在合成排练前，编导（或者助手）要检查是否所有的模特、演员以及技术部门的职员都明确台上将要发生的事件和动作。在合成排练前务必检查是否每个执行人员都拿到脚本，因为脚本是演出中大家共同遵守的程序和操作动作。

（3）在合成排练中，为了保存模特的体力，可以要求模特只走位置和节奏，技术部门要尽可能准确地跟上模特的位置。如果发生问题可以停下来纠正。

（4）合成排练实际上是全体人员的"实战演练"。在条件和模特的体力许可的情况下，最好是穿着服装进行。

（四）带装彩排（Full Dressing Rehearsal）

（1）带装彩排是演出前的最后一次排练，通常是安排在服装表演开演之前的若干小时进行。

（2）带装彩排要求所有部门完全进入演出状态，包括后台、催场、装置、灯光、音响、视频和特效。带装彩排要一气呵成，尽量不停，遇到问题要等彩排完了再解决。带装彩排还有一个重要的作用就是检验模特换装的时间是否有问题。

（3）带装彩排后，要给全体技术人员和后台人员开总结会，总结彩排中的问题并找出解决方案。如果有必要，重点的环节可以做重复性的练习。

第十一章　服装表演的舞美设计

服装表演的舞美包括演出现场及相关区域的平面规划、舞台立面和平面造型、灯光、音响、视频、特效、后台、接待区域、室外环境等与服装表演相关联的区域。舞美设计也是表现服装作品发布风格最直观的表现，也是若干年之后仍然会给人们对这一场服装表演留下印象的元素；同时舞美的搭建和制作也是服装表演预算中占用资金比较多的部分，因此，把控好舞美设计和制作是完成一场完美服装表演的重中之重。

第一节　服装表演的平面规划

对于舞美设计，首先要考虑的是演出现场的整体平面布局，如果平面规划上出现了问题，可能会造成不可挽救的失误。

一、平面设计的区域

不管选择什么样的演出场馆，要考虑具备如下区域划分的可能性：

（1）观众签到区 + 红地毯区 + 红地毯等候区。

（2）酒会区：包括备餐区、吧台区、观众交流区。

（3）基本舞台搭建区：舞台占用的空间 + 灯光占用的空间。

（4）后台：模特服务区（更衣柜）+ 模特餐饮区 + 洗手间。

（5）模特化妆区：等候区 + 化妆制作区 + 发型制作区。

（6）观众席区：观众通道 + 安全通道。

（7）操作台区。

（8）摄影记者区。

（9）舞美搭建物料堆放区。

（10）搭建工人的用餐区。

二、在平面设计中要考虑的事宜

（一）考虑观众流程的需要

观众观看服装表演时要经过一些必要的流程，在做平面规划时要充分考虑到这个因素，还要考虑观众流程是否顺畅，尽量不要出现观众的行进路线有"回头路"或者行进路线交叉的现象。在每一个流程点安排相应的空间和标识性物料。流程点包括：

（1）发现发布会的标识。

（2）存衣处存衣。

（3）签到（领取礼品）。

（4）参加酒会（静态展）。

（5）进入表演场地。

（6）寻找座位。

（二）基本舞台的位置

基本舞台是服装表演的主体，应该安排在整个场地最显要的位置。舞台的位置决定了其他配套区域的位置，在设计舞台平面时要考虑如下几个因素：

（1）观众是否很容易到达自己的座位（尽量避免迂回或者复杂的入场线路）。

（2）舞台的顶部是否可以有吊点来用于灯光的搭建？如果有吊点，在不影响其总体设计的前提下，应尽量使用这些吊点。这样不仅可以大大降低制作成本，而且也会简减少灯光 Truss 架的支腿，简化现场布局。

（三）消防通道

服装表演属于聚众性活动，根据有关法规，在安排聚众性活动时必须考虑防火的要求。其基本原则就是当出现意外情况时，要使观众能够以最快和最简便的方式撤离现场（包括后台的演职员）。一般来讲，主通道需要预留 2～3m 的距离，辅通道需要预留 1.5m 的距离。消防通道要连接到大门或防火门。表演场地应该具备前后两个以上不同方向的出口。

（四）操作台的位置

服装表演的演出与其他演出不同，由于没有足够的排练时间，模特的出场以及灯光、音乐的播放都是由编导现场控制的，因此，操作台是服装表演必不可少的一个重要组成部分。在现代的服装表演中，操作台的设计实际上是整场演出造型的一部分。一般来讲，操作台应该选择在基本舞台的正面，编导以及灯光音响操作师可以清楚地观察到出场口的位置。

（五）摄影记者的摄影区

摄影记者席设计在舞台的正前方、正对着主背板品牌 Logo 的位置，这样在拍摄中可以将 Logo 置于拍摄画面的构图中。

（六）后台区域

后台的设计应该在基本舞台的后面，要考虑到后台备有演职员的独立进出通道而避免与观众流的交叉。

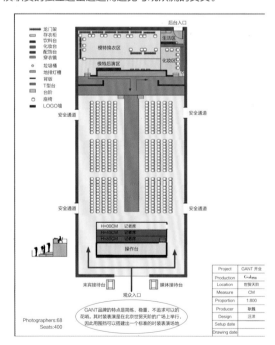

第二节　舞美设计的要点

一、寻找适当的创意元素

　　舞美和灯光是协助设计师表达设计作品情感的辅助手段之一，也是最能引起人们记忆的元素。我们归纳总结了国际国内众多的服装表演的舞台，总体来说，根据发布服装的主题舞美的创意可以从如下几个方面来构思：

　　（1）以标准的三块板为基础的延展。

　　（2）以当代艺术为元素的构思。

　　（3）以几何造型为元素构思。

　　（4）以放大的具象舞台为元素构思。

　　（5）以真实的实景为背景。

　　（6）其他比较另类的设计构思。

二、T台的设计

　　观看服装表演与观看舞台剧不同，设计师希望观众看清楚服装设计的每一个细节，包括面料的质感、配饰、裁剪技巧、制作工艺。由于T台具有延长舞台的功能，从而增加了观众围坐的可能性，使更多的观众以最近的距离靠近舞台来观看服装作品。T台的长度可以让模特有行走的行程，而行走是模特表现服装作品最基本的手段。由于模特在T台上行走会以动感的步态占用了一个时间段，而这也正好为摄影师提供了拍摄的时间。T型舞台的这些优势自19世纪早期在美国出现以来到现在为止仍然是设计师最常用的舞台设计方式。

　　基础的服装表演舞台我们通常称为T台（Runway），国际上传统的T台高度一般在60~80cm，这个高度最适合前两排的观众观看，但第三排以后的观众就看不全模特的全身。而现代的服装表演制作注重人性化的设计，在设计中考虑让每一位观众都可以有最好的角度观看表演。20世纪90年代中期，意大利著名服装设计大师阿玛尼开创了阶梯式观众席的设计，这一设计打破了传统的天桥设计的理念，使得每一位观众都以舒服的角度观看演出。由于阶梯形观众席的出现，天桥的高度也发生了变化，10~20cm高甚至没有高度的天桥+阶梯式的观众席是当今流行的服装表演舞台的设计。

　　在T台的台面包装方面，传统的天桥设计原则是防滑、脚感好、不反光、白色。而近年来，由于新材料的不断出

现以及设计师经常对传统的服装表演突破性的理解以及展示个性化的需要，在天桥制作中，材料和色彩的运用通常打破传统的概念，诸如玻璃台、金属台、木料台、合成材料台等表现个性的材料也常常被使用在T台的设计和制作上。而T台的颜色也打破了白色的垄断，而是根据服装风格的而决定。

三、背板的设计

　　背板的功能不仅可以起到将表演区和后台区隔断的作用，而且背板还用作拍摄的背景，因此背板的色彩、质感、材料、造型是服装表演设计的重要组成部分。传统的三块板式的背板设计由于其造型简单、易于拍摄、造价低廉而被设计师所青睐。

　　80年代中期，欧洲的高级时装的设计师们对背板的造型和概念进行了革命化的改进，打破了传统背板的格局，而使用实景、花卉、立体造型来充当背板一度非常流行。而90年代中期，阿玛尼将大面积的LED作为服装表演的背板使用，不仅保留背板的功能而且将模特现场表演的图像投射到LED上，使观众更能看清楚服装的细节。

　　背板设计的原则：

　　（1）非反光材料：考虑到灯光反射的原因，背板一般选择不反光的材料制作。棉布、亚光涂料是背板经常使用的材料。

　　（2）解决"穿帮"的结构：由于服装表演经常性地在非标准剧场举办，因此T台基本上是临时搭建的，由于观众和后台在同一个空间内，这就非常容易"穿帮"（观众可

以从前台直接看到后台的情况）。因此，在立面设计时就应该考虑这一问题。

（3）色彩的选择：由于背板用作现场拍摄的背景，因此在色调上要考虑与服装整体风格的协调。最常用的背板颜色是白色和黑色，因为白色和黑色最容易托住时装作品的色彩。如果考虑到服装表演主题风格的因素而选择其他颜色的背板，可能会产生特殊的视觉效果。但使用这种设计方式要考虑到整个背板的彩度，过度的彩度不仅会使观众的眼镜产生疲劳，而且很难突出时装作品的色彩。

（4）简约的造型：为了让观众集中精力观看服装作品，一般背板设计的造型和装饰不宜过于花哨和绚丽。

（5）方便模特进出场：背板的设计要考虑到模特出场和回场的方便，过窄的设计可能会使服装别蹭，而过宽的设计容易造成"穿帮"。

（6）遮光的功能：后台更衣区和化妆区的灯光不要影射、辐射到前台。

（7）稳重感：如果背板的设计高于3m，要考虑到背板在视觉上的稳定感。

（8）虽然三块板式的背板设计是最实用和经济的经典之作，如果仔细观看和分析一下欧洲著名品牌的服装表演现场，在三块板的结构上会有许多些细节和功能上特点。

（9）Logo的位置：因为在媒体宣传上使用的照片需要有Logo，根据多年的测试，Logo的底边距离台面的高度为2.2~2.3m是比较适当的位置，根据T台长度和造型的不同，这个高度可以做适当的调整。

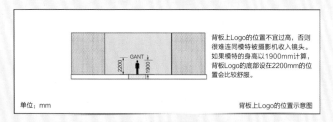

背板上Logo的位置不宜过高，否则很难连同模特被摄影机收入镜头。如果模特的身高以1900mm计算，背板Logo的底部设在2200mm的位置会比较舒服。

单位：mm 　　　　　　　　　背板上Logo的位置示意图

四、台阶设计

在出场口或者舞台的相关部位设有台阶有时会增强舞台视觉和模特展示的立体感。在设计台阶时，要考虑到人体工程学方面的因素。普通的台阶高度是20cm，宽度是25cm，女模特脚的长度是23cm左右，如果穿着高跟鞋以自然状态下台阶（下台阶时有向

前的冲力），一半的脚将踏在台阶的外面，这样会造成模特的心理恐惧感而破坏了步态的美感。经过多年的尝试，我们将模特使用的台阶设计为高12~15cm、宽35~40cm比较适合模特穿着高跟鞋的步态要求。

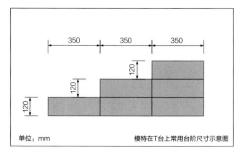

单位：mm 　　　　　　模特在T台上常用台阶尺寸示意图

五、后台设计

后台的设计要考虑四个相对独立的空间：

（一）化妆区

化妆区最主要的是要考虑光线和电源。如果是在室内的演出，化妆区的光线最好不要使用自然光，而要使这个区域灯光的色温尽量接近舞台灯光色温，这样，妆的色彩还原会比较准确。这个区域还要有充足的电源来满足灯光和吹风机的需要。一般来讲，每2~3位模特配备一个化妆座位，要配备桌子、镜子、灯光和电源接线板，每个座位的距离不小于2m。

（二）餐饮区

为了使饮料和食品不污染演出的服装，后台应设有饮料区，让每位模特和工作人员养成在饮料区进食的习惯。一场比较讲究的服装表演，其饮料区配备专职服务员负责饮料区的服务和卫生，或者配备一个服务式的吧台。

（三）换衣区

换衣区应设在距离舞台最近的位置以便模特上下场，后台要有宽敞的空间便于模特"抢装"。换衣区要配备的设施：

（1）电源：用于服装的整烫。

（2）每个模特要配备一把椅子。

（3）足够用的"龙门"衣架。

（4）用白布（或者黑色）包装的配饰台，用于首饰和配套品的摆放。

（5）穿衣镜。

（6）可以观察到前台的监视器。

（四）模特及工作人员物品存放区

因为每位模特和工作人员都需要携带自己的手包和私人物品，为了保证后台的整齐以及演出服装和饰品的安全，一场高档次的服装表演要求所有工作人员和模特将自己的私人物品放在私人物品存放区，模特在这里要脱下自己的衣服换上"试装袍"（类似于睡衣的服装），再进入更衣区。物品存放区要有专职人员看管。

六、操作台的设计

目前，国内的大多数舞台设计不注重操作台的设计和位置的选择，这是极为错误的。舞台上的设备即使再先进也是需要人来操作的，如果操作者没有好的视线观察到舞台上的状况、没有好的角度听到音响的细节、没有舒适和符合人体工程学的坐姿来进行设备操作，就会影响实际操作的质量而降低演出的质量，况且服装表演本身就存在着即兴发挥的因素。

搭建一个舒适和视线良好的操作台就好比军队打仗时不管在怎样艰苦的条件下也要设立一个尽可能完美的指挥所，因为指挥所是打胜仗的关键。为了避免观众遮挡操作人员的视线，操作台的高度应该在80cm以上；操作台的位置原则上是让操作人员在最佳的位置观察到舞台上任何一个角度的状况（特别是出场口的位置）以及能够准确地调节音响的精度。设备最好摆在桌子上（而不是放在箱子上），让操作人员以舒适的坐姿（坐在椅子上而不是凑合坐在箱子上）来进

行操作。比较讲究的服装表演，操作台装有扶梯，让操作人员和编导能够方便、舒适和安全地进出。

另外，操作台最好与观众有一定的距离（高低或远近的距离），这样避免操作人员和编导的操作指令被观众听到。

七、记者席的设计

摄影记者席设计在舞台的正前方。最边上摄影师对出场口的角度不超过30°。每一级摄影台的高度一般是40cm，这样前排的设备和人头不会挡住后面的镜头。考虑到架设摄影机，每级摄影台的宽度不小于1m。一般的摄影台不超过4个台级，因为高出四个台级时所拍摄出来的模特有可能会变矮。

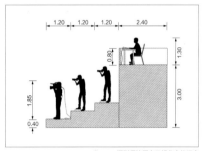

摄影师拍摄台及操作台的组合

八、观众席设计

服装表演现场一般都是临时搭建的，观众席是整体平面设计的一个重要组成部分。比较职业的服装表演设计，为了让摄影师有良好的拍摄角度和拍摄空间，T台的正面一般不安排座席而是只留给摄影记者。T台两侧的第一排是VIP席，而靠近记者席的一端为重要嘉宾的位置。第一排观众距离T台的距离一般保留在1.5~2.0m，每一排观众座位之间的距离为不少于50cm。如果考虑阶梯式观众席的设计，从人体工程学的角度来说，每一阶座席之间的高度差为40cm；每一阶座席的宽度为1~1.5m。为了安全的需要，在阶梯式观众席的边缘以及台阶边缘要设计护栏或者护板。

档次比较高的服装表演，在阶梯式观众席上可以为每一位观众制作一个舒适的坐垫，坐垫的色彩和图案可以根据服装发布的主题来考虑。

第三节 服装表演灯光的基本知识

一场优秀的服装表演并不是用灯光把服装打亮了就万事大吉。灯光和服装一样同样是有语言、有感情、有节奏的传播思想的载体，而这个载体的设计和构思首先是要符合服装作品的需求。

服装表演的灯光不像戏剧灯光那样复杂、多角度、多位置、多色彩、多灯具的变化，但把握灯光设计的基本原理，运用灯光的语言来更好地表达时装作品和设计师的情感。

一、灯光在服装表演中的作用

（一）基本照明

服装是设计师与观众之间视觉的交流和沟通，而灯光恰恰是这种交流和沟通的桥梁。让观众能够清楚地看到服装作品的造型、色彩和质感是对灯光设计最基本的诉求，确保灯光的基本照度，让观众在舒适的光照环境中、在没有视觉疲劳的状态下欣赏服装作品也是灯光设计中人性化的考虑。只

有达到上述灯光基本功能的要求，我们才有资本运用灯光的语言做艺术上的渲染和造型。

（二）创造服装作品所需要的气氛

设计师对其作品的设计有一个理想状态下环境和气氛的设想，服装表演正是表达设计师的这种理想状态最理想的手段之一，而利用灯光的效果来营造现场的氛围也是对设计师设计理念的表达的体现。

（三）强调重点作品、制造演出节奏

在许多服装表演中，设计师可能会有一套或者几套最得意和需要重点推出的作品。对这些重点作品的勾画，除了使用特别的模特和音乐以外，灯光是也必不可少的手段。比如，定点光或者追光的应用是突出和强调设计师想要将观众的视线集中在某个特定的区域的手段。

（四）舞台的调度手段

在舞台表演艺术中，利用灯光是舞台调度的手段之一，灯光在舞台不同区域的运动而营造出不同亮度、色彩、面域、虚实的变化，可以将观众的视线移到不同的位置，这是编导处理舞台构图、演出节奏的常用方法。

二、灯光的属性

色彩对于设计师来说理所当然是轻车熟路的事情，但在服装表演中，灯光的技术特性与服装面料的色彩特性有所不同。下面是一位服装设计师在排练时给灯光师提出的要求："灯光师，我的第一主题要咖啡色的光，第二主题要灰色的光，第三主题最好是金色或者银色的光。"我们不得不把这位设计师的要求作为我们灯光教学的反面教材，他几乎把灯光圈里的笑话搬到了现场。当然我们不能怪罪这位设计师，他毕竟不是灯光的专家。

我们的一些时尚编导对灯光的基本原理也极其缺乏系统的了解。虽然我们没有必要学习灯光设计专业那样深奥的理论，但掌握和了解灯光设计的基本原理是必要的，否则，作为时尚编导，没有能力和资本去指挥灯光师。

根据中央戏剧学院王宇光教授的《舞台灯光设计》一书中的相关章节的理论，归纳出一些对服装表演制作有用的灯光基本理论素材。

（一）灯光可控性

随着科学技术的发展，今天的灯光在演出的过程中可以通过带有电脑程序调光台的控制，可以做到分区、移动、定点、强弱、造型、色彩转换、图案转换、光源位置转换等动作。

（二）灯光的从属性和特殊性

在服装表演中，灯光的运用不是孤立的艺术创作，不是独立地展示灯光师基本才能的阵地。灯光的运作要从属于编导的概念，而编导的概念要从属于设计师作品的情感。但从另一个角度来讲，由于灯光这个特殊物体的特殊手段，通过光的强弱、色彩的变化、光区、光位、光质、光影、光束以及光的运动这些特殊的物理动作和变化来帮助编导完成整个创作过程。

（三）灯光的技术性

灯光是科学技术发展的产物，科学的进步给编导们提供了表达其创作的可能性。从直插式供电、电解水调光、可控硅调光到现在的数字调光，在舞台效果上有了质的飞跃，在安装工程上有了极大的方便性和安全性。电脑灯的出现使舞台灯光技术有了革命性的转变。Truss 架和可控电葫芦的普及使灯光有了更好的发挥空间，更加具有多变性。

三、利用灯光的特点来表现服装作品

（一）光强

光强是个学术名称，其实际上就是我们通常说的灯具的"亮度"，是指观众可以感觉到的光的明暗程度。

光越强——形象越突出；

光渐暗——形象渐隐；

收光——人与景物淹没在黑暗中。

在灯光设计中我们可以充分利用光强的作用：

（1）人们的视觉习惯是向光线明亮的地方看，运用光强可以引导和集中观众的视线。

（2）在灯光的运用上要考虑到光比的因素，也就是说不同位置光强的大小可以影响人们对光的明暗程度的感受。比如，在 T 台灯光运用中，如果背板是白色的，背板的光越亮，就会对比 T 台上模特的受光程度越弱；相反如果背板的光越弱，就会感觉 T 台上模特的受光程度越强。

（3）T 台、背板以及周边环境的色彩直接影响着光强的作用。比如，在一定的照度下，白色的背板和 T 台就会感到很亮；相反如果是黑色的背板和 T 台就会感觉比较暗。

光线强弱对人们心理的反应

光强	联想事物	心理感受
明亮	阳光、天堂、宫殿、海滩、冰雪、闪电、眼睛	欢乐、兴奋、激动、热闹、刺激、温暖、希望、伟大、胜利
灰暗	阴雨、烟雾、水泥、暮年、疾病	平静、忧郁、温和、平凡、庸俗、淡雅、失恋、无奈、凄凉、忧伤、乏味
黑暗	死亡、地狱、监狱、暴雨、法律、盲人、破产	神秘、恐怖、肃穆、压抑、无助、肃静、悲观、痛苦、庄重、孤独、凄凉、寒冷、落后

（二）光色

光色就是舞台上光的色彩。光色是舞台灯光中最能表现情感的造型要素，光色可以对T台、背板、道具以及服装进行"二次着色"。光和色有着不可分割的密切关系。光是产生色的原因，色是光被感觉出来的结果。在实际中，光色和物色给人们视觉的感受不完全一样，物色的三原色是红、黄、蓝，三原色相加为黑色；而光色的三原色为红、绿、蓝，三原色相加为白色。光色和物色在混光和混色时所表现出的形态也是不一样的"光色相减，物色相加"，因此我们不能用物色的概念来对应光色（前面我们提到的那位服装设计师就是没有搞明白物色和光色的区别）。物色中的一些色彩在光色中是不可能存在的，比如"灰色的光""咖啡色的光""银色和金色的光"。舞台上展示的色彩，是光色与物色（服装的色彩、背板的色彩）的结合。下面是光色和物色的吸收和反射规律：

（1）无光即无色，有光即生色。

（2）在白光下各种物色呈现原有的色相。

（3）光色与物色色相相同时，物色变鲜明。

（4）光色与物色为互补色时，物色变灰暗。

（5）光色的明度、饱和度越高，物色向光色转化。

（6）白色景物，易反射各种光色，黑色景物易吸收各种光色。

（7）同一光色，照射色相相同的材质各异的景物，其色彩效果不同。表面光滑的景物，其高光点全反射色。

（8）轻薄透明的景物，易透射各种光色。

（9）各种棱面薄膜景物，可折射出彩虹般的光色。

（10）各色荧光物质，在紫外光下发出艳丽的色彩；非荧光物质则黯然失色。

（三）光质

光质就是光的性质，光有软硬之分。不同的光质可以产生不同的造型效果，会给观众造成不同的视觉效应。

1. 硬光

富有阳刚之美，给人以强烈、鲜明的感受有明确方向的光。比如，自然界的太阳光，舞台上的聚光灯、追光灯、筒灯、造型灯、ETC灯。

（1）特点：方向性强，能清晰地显示景物的形态。明暗对比强烈，明暗交界线鲜明，有明显的光影。方向和亮度容易控制。

（2）缺点：光度不易均匀。光比反差较大，如果光多，位置不当等投射，容易产生杂乱的光影。

2. 软光

富有柔和和朦胧之美。给人以甜静、淡雅的感受，没有明确方向的光，比如，自然界阴天时的光线，舞台上的螺纹灯、泛光灯等。

（1）特点：方向性不鲜明。光线较柔和细腻，照射范围广泛。光影模糊，明暗交界线柔和，易展现景物的细部结构和微妙的质感和层次。

（2）缺点：不易制造光位和光区。易使景物造型平淡。

（四）光位

灯光投射的方位，包括灯具安装的位置、投光方向及角度。光位的设计对表现服装的造型、模特的情绪以及舞台的氛围起着重要的作用。由于服装表演的场地一般来说都不是标准的剧场结构，对光位的选择和实施会造成一定的困难，因此在确保场地承重安全的前提下充分利用演出现场的吊点或支撑点，巧妙地利用Truss架是灯光设计最基本的工作。

在T台应用上，我们通常将灯光的种类分为：

（1）主光：演出的基本照明，确保基本的照度对服装色彩的还原度，主要以面光侧面光为主。

（2）辅助光：对主光的补充和修饰，勾画服装以及模特轮廓，一般辅助光设在主光源的相反或者正顶的方位，对主光源进行补充。使舞台上的物体或者人物更立体鲜明。

（3）背景光：用于演出中对整场色彩的渲染，讲求布光均匀，修饰舞美中的不足。可以根据不同场景进行变幻。

（五）光区

光区指灯光投射在舞台空间的区域，光区的设计是根据编导的舞台调度、模特的运动范围以及舞台装置的结构而决定的。

在标准T台上，一般把光区分为：

（1）前区光：T台上的光，根据编导的要求，按照模特走的路线，可以在T台上设计若干个区域，每一个区域可以独立地使用。

（2）后区光：背板前面的区域，一般用于模特站成一横排或者出场口的定位造型的调度。

（3）背景光：背景板及挡片上的光。

（4）观众席区：在介绍嘉宾以及拍摄电视时观众的反映镜头时使用。

四、标准 T 台灯光的设计

一场优秀的服装表演要让观众能够看清楚服装作品的本来面目，而并非只是欣赏模特的表演，因此对于服装表演的灯光设计最重要的也是以看清楚服装为原则，也就是说灯光的效果要能够做到：

（1）服装色彩的还原要准确。

（2）面料质感的还原要真实。

（3）光要简练、干净，尽量不要将多余的光溢到 T 台以外。

（4）由于一般的服装表演都要进行摄影及摄像，因此要考虑灯光对摄像机及摄影机镜头的影响。

在标准的 T 台灯光设计中，我们通常把灯光按照位置分类：

1. 背景光

（1）投射区域：舞台背景。

（2）功能：

①增强后背板的亮度以增强背景的景深。

②消除由于面光而产生的影子。

③变换背景的色彩，渲染气氛。

（3）理想的状态：将后背板的光铺匀。

（4）安装位置：这组光理想的位置是在后背板和前背板之间的顶部和底部的位置（简单的办法就是在后背板与 T 台之间做个地槽而避免灯具的穿帮）。

（5）理想的灯具：天地排灯、条形灯、LED 筒灯。

2. 后区顶光和侧光

（1）投射区域：后背板及前背板中间的位置。

（2）功能：勾画模特的轮廓。

（3）理想状态：只投射在模特的身上，而不要投射到背板上。

（4）安装位置：这组灯一般安装在前背板和后背板中间的顶部以及侧台位置。

（5）理想的灯具：造型灯 ETC。

3. 前背板光

（1）投射区域：前背板。

（2）功能：前背板的着色。

（3）理想状态：将前背板的光铺匀，没有灯丝斑。

（4）安装位置：在前背板前面与前背板平行的位置。

（5）理想灯具：电脑染色灯、条形灯、天排灯、LED 筒灯。

4. T 台主光

（1）投射区域：T 台。

（2）功能：T 台色彩主光源、反投光、顶光、面光。

（3）理想状态：光斑与 T 台的边缘切齐，光没有溢到 T 台以外的部分。

（4）安装位置：T 台正上方的 Truss 架。

（5）理想灯具：造型灯 ETC、聚光灯（带遮菲）、柔光灯（带遮菲）。

5. T 台侧光

（1）投射区域：T 台两侧。

（2）功能：提供 T 台色色光、补足面光、渲染气氛。

（3）理想状态：光斑与 T 台的边缘切齐，光没有溢到 T 台以外的部分。

（4）安装位置：T 台的两侧、正面。

（5）理想灯具：造型灯 ETC、聚光灯。

五、灯光设计需要考虑的问题

（1）由于 T 台三面围坐的是观众，所以安排好灯光的投射角度，不要将光线直接照射到观众的眼睛上。

（2）当有电视台拍摄时，灯光要首先考虑到电视拍摄需要的基本光的照度和光的均匀度。特别是在电视直播时，一定要慎重使用暗场的效果，因为电视摄像机对光的反应与人眼对光的感受有着很大的区别，如果控制不好会造成电视机黑屏，而让电视观众错认为是转播的事故。

（3）如果在 T 台上安排有领导的讲话，最好不要使用追光灯，因为追光灯的色温比较高，电视拍摄出来人的脸色会是青色的。另外，为了方便领导阅读讲稿，应该在讲话位的后面设置一个返送光源。

（4）服装表演要求舞台干净、简练，因此在舞台上尽量不要安放任何灯具（而晚会或者演唱会在台上安设灯具却是正常的）。

（5）在服装表演过程中，一般不使用电脑灯作为主照明。电脑灯也尽不要在演出过程中安排过多的色彩变换和移动动作。

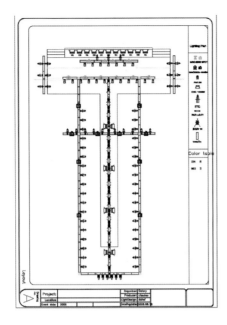

六、服装表演常用灯具的选配

（一）成像灯

一场专业的服装表演应该选用成像灯作为主要的照明设备，由于成像灯有很强的造型和聚光作用，因此可以有效地控制光斑的区域。但这种灯具的缺点是功率较小，使用的数量比较大，另外由于其具有很强的造型性，灯光师对光的精细程度要求较高，需要一定的时间来完成调光工作。

（1）主要用途：T台的主光源、T台反投光、模特出场口的造型定点光。

（2）最佳投射距离：6~8m。

（3）重量：7~15kg。

（4）灯泡：575W、750W、1000W、2000W。

（二）聚光灯

这类灯具带有遮菲，相对比较有效地控制光斑的区域，相对于成像灯，聚光灯的投射光斑比较大，因此在同等长度的T台上使用聚光灯的数量要比成像灯少，节省对光的时间。但聚光灯的重量和体积都比较大，对承载的要求比较高。

（1）主要用途：T台主光源

（2）最佳投射距离：6~8m。

（3）重量：8~20kg。

（4）灯泡：1000W、2000W。

（三）筒灯（Par灯）

由于筒灯的造价低、重量轻、光斑较匀、易于维护，是国内预算不足的服装表演最常见的灯具。但筒灯所投射的灯光比较粗糙、光斑比较散，没有造型效果，其光斑容易溢出T台的区域。筒灯的灯泡分为cp60、cp61、cp62、cp63四种，cp60型很少在T台上使用。cp61型为窄光束，用于T台的照明，cp63和cp62为散光源，用于大面积的铺设。

（1）主要用途：T台的主光源。

（2）最佳投射距离：6~8m。

（3）重量：2.3kg。

（4）灯泡：750W、1000W。

（四）电脑灯

电脑灯是通过操控台内的电脑来控制灯具的状态，包括变换焦距、变换颜色、变换投射方向、变换投射光斑的状态和形状、变换亮度、变换投射图案等等。电脑灯由于可控性要远远强于传统的灯具，是目前晚会上最常使用的灯具；由于服装表演对灯光色温以及服装色彩还原度的要求比较高，同时要求在T台的长度空间里对台面上的光斑以及模特的身上和脸部的布光过匀，电脑灯由于重量过重体积过大而不能密集的排布，很难完全取代传统成像灯，在服装表演中，一般只作为渲染气氛和特效使用。

（1）常用的电脑灯包括：染色灯、图案灯、光束灯。

（2）主要用途：背板的染色、观众席照射、图案、品牌Logo的投射。

（3）最佳投射距离：5~8m。

（4）重量：35~55kg。

（5）灯泡：575W、700W、1200W、2000W。

（五）LED灯

LED灯是近年来推出的一种新型灯具，它的革命性的变化就是抛弃了传统的灯泡，而采用LED管来实现照明；其染色原理是采用光色三原色不同的组合来变换灯光投射的颜色，而不是传统的换色器和透视片。LED灯最大的特点就是节约电、重量轻，但射程有限、照度也不如传统的灯具强。其最大的功能就是染色。LED灯具的发展非常快，其功能也在不断地加强和改进，在未来将成为舞台灯具中主要的染色类灯具。

第四节　服装表演的音响和视频知识

一、音响设备在服装表演中的应用

一般的服装表演都是在临时搭建的场地进行，因此音响设备也是临时搭建和组合的。音响设备分为音箱部分和音响控制系统部分。

（一）音箱部分

音箱分为高音音箱、中音音箱和低音音箱。为了使视觉和听觉达到互动的效果，一般主音箱的位置设置在模特出场口侧背板的两侧，也可以将高音和中音音箱挂在 Truss 架上，为了保证低音的质量，一般低音音箱要与地面接触。

如果采用线震级别的音箱，其悬挂的位置很容易遮挡背板，因此在设计音箱的位置时要考虑到音箱的高度和占用的面积，尽量少占用背板的面积。

一般情况下，音响设备最基本的功率是按照每一位观众不少于一瓦来计算。在实际应用中，音响师常常会把音响设备的功率配置得高出观众人数的一倍，这样播放出来的音乐质量会比较饱满。

（二）音响控制系统

音响控制系统包括音箱控制台以及周边设备（功率放大器、混响器、效果器、播放器等）。在音乐播放器中，我们经常使用的是 CD 机、笔记本电脑播放器和硬盘机。

现在的服装表演，DJ 通常将全部音乐存放在电脑的播放器中来播放，为了演出的安全，应该将专用的演出音乐的移动硬盘同时备份，这个移动硬盘之存放该场演出的音乐；同时需要准备至少两台播放器。

（三）关于麦克风

在一些带有庆典性质的服装表演中，麦克风的使用率比较高。为了保证演出不出现问题，首先麦克风要有专人负责管理和传递，其次麦克风要有主次之分，导演排练的麦克风与主持人、领导讲话的麦克风要分别安排。

用于领导讲话的麦克风，如果需要麦克风支架，要事先了解领导的身高，在演出之前调试好高度，避免领导在台上自己调整支架高度的尴尬情景。一般来讲，一个有经验的音响师不需要让麦克风的使用者自己调试麦克风的任何功能，包括开关和支架高度。

二、视频在服装表演中的应用

20 世纪 80 年代中期，我国香港经济的高速度发展给服装表演制作人提供了在国际上展示自我的机会。由香港贸易发展局组织的香港时装周上，由于有充足的资金做后盾，服装表演的制作人应用了在当时最具有国际水准的、非常昂贵的视频设备作为服装表演的背景，运用多台电脑控制的柯达幻灯机在白色的背景板上投射出神奇的动画效果，最多时使用了 24 台幻灯机联动，这一举动使欧洲的设计师震惊。于是欧洲的设计师说，由于香港的服装难与欧洲的服装相比，只好用高科技的舞台技术来弥补，而香港的设计师则以自己雄厚的经济实力而自豪。香港设计师使用柯达幻灯机渲染服装表演背景的案例，突破了服装表演制作的传统理念，这一辉煌在 90 年代后期被 Barco 公司生产的高亮度投影机所取代。

幻灯机和高亮度投影机虽然可以在白色的背板上投射出绚丽多彩的图像，但这些设备的亮度抵不过灯光的影响，一旦演出灯光亮起，视频的图像的清晰度就会受到严重的影响。

2003 年，阿玛尼采用最昂贵的巨型 LED 大屏幕作为其服装表演的背景，LED 最突出的特点是不怕灯光的照射。由于 LED 的这一特点，阿玛尼利用摄像机将演出的现场直接投射在 LED 上，这样不仅增强了舞台背景的动感，而且由于摄像机可以将服装的细节放大，观众可以清楚地通过 LED 看到服装的某些细节。阿玛尼对 LED 的应用，革命性地推动了服装表演制作的发展。

LED 大屏幕是以单位模块的形式组合的，因此可以以模块的倍数组合成不同的造型，非常有利于舞台造型的设计。由于 LED 画面的可变性，可以将品牌的 Logo、发布主题的构思来源清晰地呈现给观众，是近年来比较流行的舞台设备之一。但如果 LED 使用的不够巧妙，也可能会造成现场画面和服装效果的混乱。LED 的精度是以其点距的尺寸来决定的，目前国际上最好的 LED 可以达到 2mm，而国内目前最常用的 LED 是 2mm、3mm、4mm、6mm、8mm、10mm。另外还有 35mm 的 LED 就是我们通常称为彩幕，彩幕的图像颗粒比较粗，适合做远距离的图象表现。

现在 LED 的精度可以达到小于 2mm 的精度，柔性屏幕也即将普及，高亮度激光投影机的出现都为服装表演的视频表现提供了更多的渠道和技术。

第五节　从结构设计中控制成本

　　由于舞美队使用的设备、工艺、材料不一样，即使是同样的设计，有时价格会相差很大。如果设计方案价格超出了预算，要从如下方面找出原因：

　　（1）简化在设计上的烦琐程度，减少非标准的异性设计，如圆形、椭圆形、菱形等都是增加费用成本的设计。

　　（2）按照材料的标准规格设计尺寸，如国际上标准木板的规格1.22m×2.44m，如果部件的设计尺寸在这个尺寸的倍数上就会节省材料。

　　（3）尽量使用可以重复使用的部件，如基本舞台、台阶、观众席扶手、背板、挡板等。

　　（4）尽可能在工厂制作预制件，减少在现场制作的工作量。

　　（5）调换装置材料。

　　（6）调整灯具的种类。

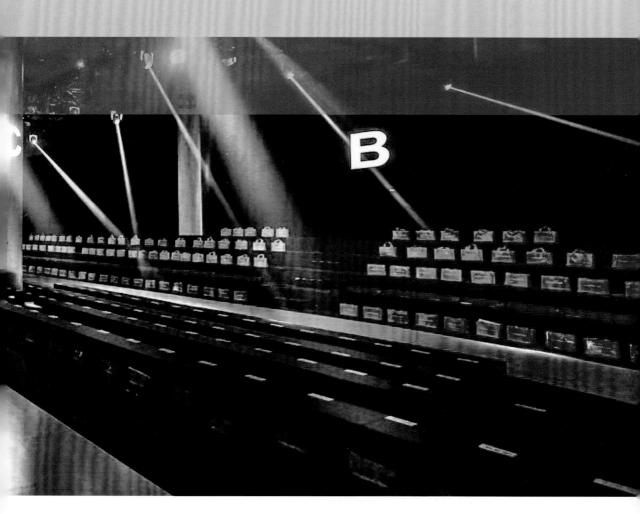

第十二章　服装表演的传播与公关

通过前面章节的学习，大家已经对服装表演的策划、设计、制作有了系统的了解。而本章则从传播的角度来理解服装表演，将其还原为一场公关活动；进而再上升到整个传播策略。

第一节　从传播的角度审视服装表演

传播是时尚产业链中必不可少的一个环节。一场成功的服装表演，T台之上有如冰山的一角。露出海面的部分，是人们能够看得见，听得到的，服装与服饰的造型、模特的妆容与表演，舞美、灯光、音乐……但其实，海面之下，才是冰山的主体部分。从策划创意到组织执行，从秀场接待到媒体发稿，当我们以一种更为宏观的视角来看待服装表演，它不只是一场演出，更是一次公关活动（PR Event），一场传播战役（Communication Campaign）。

一、传播推广是服装表演的终极目的

回顾当年改革开放之初，上海服装表演队的艺术指导曾一度回避"模特"这样的称谓，提出"以中国民间舞蹈的步法为主，汲取国外服装表演的某些长处"，创造"中国特色"，新华社为此发布新闻，首次宣布中国有了服装表演。后来，上海服装表演队还接到中南海的邀请，给13位党和国家领导人进行了一场汇报演出，服装表演由此"正名"，在中国各地得以名正言顺，雨后春笋般地迅速发展起来。

然而，不论服装表演如何创造中国特色，如何汲取舞蹈、文艺演出等舞台表演的经验，它仍然不同于艺术演出，也不靠票房盈利。可以说，服装表演有各种类型，但每场演出的背后，都有其传播和推广的目的。它可能是很实在的商业性目的，比如，像上海服装队在展销会上的表演，主要是展示商品，促进现场销售，类似今天的促销型服装表演。也可能是出于非商业性的目的，比如，国家之间的文化交流型演出，近来也十分常见，它的主要目的在于传播本土文化，推广国家形象，增进不同国家、文化之间的相互理解。至于中南海的汇报演出，完全是出于政治任务的需要，其传播和推广的目的，在于增加高层对服装表演的认识，改变他们对服装表演的态度。

进一步来看，商业目的也有长期和短期之分，也有虚实之别。比如，皮尔·卡丹先生早年在中国大陆的服装表演活动，既非当季新品，也不是流行发布，带有时尚布道者的意味。1985年，皮尔·卡丹先生再度开创中国服装表演的先河，12名从未走出国门的中国女孩，赴巴黎走秀。包括《费加罗报》在内的8家大报，以头条新闻的地位报道了此事。表面上看，这些演出带有文化交流的性质，短期很难看到商业回报，但它们对日后的品牌运作，大有助益。1988年，皮尔·卡丹公司在天津投资建立生产基地，正式开始拓展中国市场。而此时，皮尔·卡丹早已家喻户晓，成为中国最知名的品牌。所以长期来看，这些服装表演的商业效益还是非常可观的。

回到今天的服装表演，其类型更为丰富，表现手段更为多样。它可能展现了比较前卫的概念性服装设计，也可能是很实穿的，当季正在售卖的服装；而在一些艺术创意型的表演中，服装可能只是艺术家的一种表达手段，一种符号。但不论怎样，每场服装表演，都有其传播和推广的目的，归纳起来，有三种划分方法：

（一）按性质来划分

按照演出性质，服装表演可以分为商业性传播与非商业性传播。

（1）商业性传播：一般发起人为企业／品牌／设计师／商家等，主要是为了传播商业信息，塑造品牌，帮助发起人进行市场推广，最终要兑现市场效果。

（2）非商业性传播：一般发起人为艺术家／政府相关部门及各类协会／使馆／院校等，主要是为了展示设计作品，传播文化观念，增进文化交流，最终是要推广传播者，提升其影响力。

（二）按内容来划分

按照展示内容，服装表演可以分为作品展示型和观念传播型。

（1）作品展示型：一般比较务实，重在展示不同的服装、服饰作品，让观众看清服装的造型、款式、色彩、面料。常见的有订货会、促销、打分秀／比赛等。通常这类演出展示的服装，跟流行趋势相关，且具备一定的实穿性。

（2）观念传播型：一般比较务虚，主要是借助服装作品进行思想表达，文化交流，树立形象，传播某种理念和价值观。一般来说，这类演出与流行趋势的关系不大，与地域文化的关系可能更紧密一些，通常服装的实用性不强。

（三）按效果来划分

服装表演的效果，可以分为认知层次、情感体验层次、行为层次三种。一般的服装表演，可能在这三个层次中都有所涉及，但会有不同的侧重。

（1）认知层次：这是最为基础的，主要是增进感知和理解。常见的有信息告知型演出，如新品发布、新店开张；以扩大知名度为主要目的，如品牌巡演。

（2）情感体验层次：主要是为了提高喜爱度和偏好度，常见的有品牌／设计师发布，主要是表达品牌／设计师对流行趋势的理解，展现品牌文化，展示设计师的实力与才华，增进对品牌／设计师的好感度；另外，在奢侈品领域，VIP 客户演出专场／客户答谢会也用的比较多，它主要是为了强化品牌／设计师在消费者心目中的地位，增

进忠诚度。

（3）行为层次：主要是为了增加试穿和购买，如订货会时装表演、店内的促销型时装表演。

综合来看，从作品的角度来理解，服装表演是编导和模特对服装的二次创作，演出的成果，可以被写进个人履历中。但是，对于发起人和出资方来说，服装表演是有成本的，这不仅表现在一场秀的直接投入，更表现为时间与机会成本。特别是那些与经济效益、销售表现直接挂钩的演出，承载了企业和品牌的重任。因此，服装表演不是为表演而表演，它是发起和出资选择的一种传播手段和推广方式。不论其性质、内容、效果如何不同，服装表演的终极目的，还是传播和推广。

二、传播推广是服装表演的本质属性

关于服装表演的属性，长期存在一些争议。不可否认，服装表演作为一种舞台演出，带有一定的艺术性。一些服装表演，还引入了舞蹈、演唱、乐器演奏、武术表演、魔术表演等其他表演形式，让人感觉像一场综艺活动；而有些服装表演采取了类似舞台剧的形式，带有一定的故事性和情节性。但是服装表演毕竟不是纯粹的舞台表演，它更偏向于实用性和商业性。具体说来，主要表现在以下几方面：

（一）服装表演有明确的主体

从传播者的角度来理解一场服装表演活动，它具有不同层面的含义。

（1）模特是表演型传播者：在服装表演活动中，模特是具有主观能动性的时尚传播者，借助造型与妆容、目光与面部表情、身体运动与姿势等肢体语言对服装信息进行编码，确立服装的定位与基调，赋予服装灵动鲜活的形象，增进人们对服装乃至设计师及品牌的理解与好感。

（2）编导是创作型传播者：服装表演也是时尚编导的创作实践，他们通过舞台设计、音乐编排、灯光控制、模特队列的变化与组合以及多种表演元素和手段，对服装信息进行编码。可以说，模特影响了人们对某件具体服装的认知与态度，而编导则决定了整场服装表演的效果。

（3）发起人／出资方是责任型传播者：服装表演作为一种有意图的传播活动，其最终目的，是要帮助发起人实现自身的目标，如塑造品牌、增加实际销售、促进文化交

流……所以，发起人/出资方才是服装表演活动真正意义上主体。他们拥有服装表演的决定权和控制权，为服装表演活动设定传播目标，提供演出所需的材料，承担演出的费用，选择编导乃至模特，确定服装表演的主题、基调、场地、观众，承担服装表演的结果与责任。

所以，与一般的艺术演出不同，在服装表演的策划组织与实施过程中，编导和模特作为主创人员，都是服务于发起人/出资方的。这与表演的商业性和非商业性无关，因为即使是文化交流、服装模特作品汇报这类非商业性的服装表演活动，依然需要遵循上述规律，其主体是发起人，而非编导或模特。所以，从这一点来看，服装表演不是自娱自乐，它要根据活动主体的意图和要求进行设计、演出，带有明确的目的性。

综合来看，成功的服装表演，可能使某个模特脱颖而出，也可能令人在现场感受到非同寻常的气氛，但最终还是要帮助发起人达成其预设的目标，实现发起人的传播意图。不论是模特，还是编导，都不能喧宾夺主，背离服装表演的根本目的。

（二）服装表演有既定的表达主题

它是一种二次创作，与其他形式的演出不同，设计作品是表现的重点。因此它不能天马行空的创意，只能是一种命题创作，要紧紧围绕设计作品，了解其背后的灵感来源、主题风格、设计思路、作品内涵、情绪情感脉络。唯此，才能使表演和设计作品相得益彰，在舞台内外，取得最大化的传播推广效果。

（三）服装表演是一项有计划的传播推广活动

对于企业而言，服装表演的费用，是从市场推广预算中划拨的。对于非商业性的演出，其费用也需要发起人来承担，因此会有投入产出方面的考虑。而在实施过程中追求收益与效果，就要强调策略性和计划性。

通常，服装表演活动会在前期召开多场策划沟通会，从演出定位、观众构成、媒体联络，到场地选择、舞台设计、灯光效果；从表演方式，演出流程、开场视频，到嘉宾邀约、请柬发放、宣传物料……可谓事无巨细。而在实际执行过程中，还会遇到各种问题，从场地、灯光工程、设备调运、供电，到现场接待、安保、座席排列、时间控制、摄像机机位……所以，服装表演是团队协作的成果，它将一系列因素，按照逻辑顺序组织起来的，是一个不断解决问题，最终帮助发起人实现传播推广目的的过程。

综合来看，审美效果只是服装表演达成其传播和推广目的的基础；艺术性有如海面上的冰山，而服装表演的根本属性，在于传播和推广。

三、传播推广是服装表演行业发展的内在需求

服装表演起源于真人试穿、展示，最初是一种偶然的推销行为。设计师查尔斯·沃斯（Charles Worth）及其夫人玛丽（Mary）是服装表演的始作俑者，他们创新性的采用了动态展示的形式，玛丽也因此成为第一个服装模特。而分析其背后的目的，不过是为了更好地展示服装，赢得更多的订单和顾客，类似今天的订货会或品牌发布会。所以，沃斯在设计方面固然有很多创新性和成就，但其之所以被称为服装设计师的鼻祖，取决于他强烈的品牌意识和敏锐的时尚嗅觉。

从沃斯到今天的纽约、巴黎、米兰、伦敦，仅四大国际时装周，就有一年两季，近千场高水平的服装发布会。而放眼全球，百余个大大小小的时装周更是带来了数以千计，不同特色、规格级别的服装秀。经过一百多年的发展，服装表演已经成为国际时装体系里不可或缺的一种传播手段、推广方式。与此同时，这些时装周、发布会活动，也吸引了各路媒体到场，通过不同的媒介形式，将服装秀的信息，传遍世界各地。

综合来看，一方面服装表演活动本身需要被广泛传播，以此将活动的影响力最大化；另一方面，传播推广促进了时尚产业的发展，也由此扩大了服装表演的需求，职业模特从无到有，蓬勃发展起来。可以说，传播推广不仅是服装表演的终极目的、本质属性，也是行业发展的内在需求。

London Fashion week Me
Shezi Manezi Photography
London fashion Week Mens AW18-7.jpg

◎ Visit　　≪ Share

Related images:

第二节　服装表演的传播原理

如果说，服装表演从本质上来看，是一种传播和推广活动，那么它必然要遵循一般的传播规律。本节重点选择了一些与服装表演关系比较密切的传播原理，结合服装表演活动的实践展开探讨。

一、传播的类型

传播是人类的一种基本社会行为，它大致可以分为人的自我传播、人际传播、组织传播和大众传播。

（一）人的自我传播

自我传播即个体的思维活动，是个体对信息的加工过程，通常这部分会归入心理学的研究范畴。而在服装表演过程中，一个模特如何调整自己的状态和精神面貌，以使自身和表演时穿着的服装相契合，这是自我传播部分最重要的内容。

（二）人际传播

人际传播是发生在两个以上的个体之间，非组织目的的传播。以往的研究认为，人际传播在传播范围和传播速度上，明显不如大众传播高效。但是，今天的信息技术革命改变了这种局面，虚拟空间的出现使人际交流藉由技术的进步，变得更加容易和顺畅，如越洋视频聊天。因此，人际传播在今天，成为不可忽视的一种力量。

如在服装表演过程中，模特们候场时的聊天是面对面的人际传播；而通过邮件、QQ、微信等通信手段，交流演出的相关事宜也属于人际传播的范畴。有时候，人际传播和组织传播难以截然分开。比如，私聊是一种人际传播，但是如果截屏转发图片，就扩散成组织传播甚至大众传播。所以人际传播如果控制不好，会对组织传播的效果产生不良影响。这方面，最典型的案例就是杜嘉班纳上海大秀事件。先导预热视频是否辱华，存在一定的模糊性。而斯蒂芬诺·嘉班纳（Stefano Gabbana）私信回复网友的言辞是致命打击。这本是人际传播，但是截屏被转化为大众传播，造成严重后果。

（三）组织传播

组织内部以及组织内部与外部的信息交流。其内部的传播是为了协调关系，提高内部的运行效率；其外部的信息交流，是为了适应环境，满足社会需要，实现组织目的。从这个角度来看，服装表演，就是一系列的组织传播活动。它既包含内部的交流，如策划沟通会；又表现为组织内部与外部的交流，最终以演出的形式，展现在观众与媒体面前。尽管很多情况下，参与演出的人员，并没有形成一个严密的组织，多数人员的流动性很强，模特都是经过面试，临时招募来的。但是大家作为一个团队，特别是编导策划人员，作为团队的核心成员，必须要有明确的组织目标。唯此，才能保证一系列传播活动的顺利进行。

（四）大众传播

大众传播是指经过大众传播媒介进行的信息传播活动。大众传播是社会化的传播，通常其传播者具有职业化的特征，借助一定的技术手段，能够将信息大量、快速复制、传播。对于服装表演来说，现场参与活动的人数始终是有限的，要超越时空的限制，形成真正的社会影响力，必然要借助大众传播的方式。

这方面，维多利亚的秘密（Victoria's Secret）是经典案例，它充分利用了大众传播的力量，有效地扩大了知名度和影响力。它的年度大秀不仅通过签约天使、模特选秀，带动了整个行业的发展；而且通过多种途径的传播，吸引了全球数亿、甚至十数亿观众的注意。2018 年，腾讯视频作为国内官方授权机构，深度挖掘维密秀的 IP 价值，集合天使、明星、KOL，衍生出维密时代节目与话题，并结合线下嘉年华主题活动、影展，联手汽车、水晶、娱乐生活等领域的50 多个品牌，扩展出一个属于维密的播出季。

综合来看，以往的传播研究认为，大众传播在受众的接受过程中，对感知环节和兴趣影响最大。而人际信源——朋友、家庭、教师、推销员——在消费者揣摩、尝试和接受环节中更有影响力。今天，随着互联网等新技术的诞生，人际传播的作用有逐渐增强的趋势。服装表演涉及多种传播类型，成功的服装表演活动，往往最大化的整合了各种传播类型与资源。

二、服装表演与议程设置

议程设置是传播学的重要理论，也是传播效果研究中的重要成果。

（一）关于议程设置

早在 1922 年，著名的传播学者李普曼（Lippmann）在《舆论学》一书中，就提出大众传媒把"外在的世界"变成了"我们头脑中的图画"。1958 年，诺顿·朗（Norton Lang）最早提出了"议程设定"假说。1972 年，美国传播学者麦库姆斯（McCoombs）和 D.L. 肖（D.L.Shaw）发表论文"议程设置"，认为大众传媒往往不能决定人们对某一事件或意见的具体看法，但是可以通过提供信息和安排相关的议题，来有效的左右人们关注某些事实和意见以及展开讨论的先后顺序。即大众传媒对事物和意见的强调程度与受众的重视程度成正比。

通俗的理解，议程设置的核心，就是传播可能很难改变人们的观念，但是可以引导人们的注意力；它不能左右人们想什么，但是可以影响人们看什么。表面上看，议程设置的

根本，在于吸引注意，而非改变态度。但从深层来分析，经由关注产生关联，可以从某种程度上，使受众形成顺应传播者意图的态度。

（二）服装表演是典型的议程设置

服装表演的传播可以分为场内传播和场外传播。场内传播即表演的现场效果，场外传播即服装表演的总体效果。一般来说，场内传播是场外传播的引爆点，特定时间、空间的演出，为跨时空的传播，提供了话题和由头。因此，从传播的角度来审视，服装表演是一种典型的议程设置。

首先，对于组织者、演出者和观看者来说，在特定的时间、地点，聚集到一起，在相对封闭的环境中，围绕服装进行展示与观看，这本身就是一场议程设置。台上的服装由此进入人们的视野，比起常态的展示，如橱窗、店内陈设等形式，获得了更多的关注与评价。

其次，时尚界深谙议程设置之道。从 XX 风到 XX 族，无数的标签、概念被议程设置到消费者头脑中。而具体到一场服装表演，也需要很多议程设置，如主题提炼、设计概念、话题预热、现场看点、神秘嘉宾等，落实起来，往往以

新闻稿的形式发布出去。可以说，传播发起人通过有意图的议程设计，引导着受众的注意和舆论的方向。

最后，在时尚界，春／夏、秋／冬，一年两次的各大时装周，更是议程设置的经典范例。人们关注的焦点，紧紧围绕时装周的议程，被制度化的设置了。这也是为什么设计师／品牌都以参演时装周为荣；中国设计师／品牌以赴海外时装周参演作为某种意义上的国际认同。由于时装周已成为相对固定的日程，所以培养了人们的关注习惯。并且在时装周期间，业内人士、模特、媒体等资源，都相对集中，且由相关机构进行统一组织安排，甚至对参演品牌／设计师的资质标准有一套较为严格的评估考量，所以成为服装表演界的重要议程。

当然，也因此有了官方日程之说。事实上，挤进这个日程，也是有利有弊的事情。毕竟，时装周期间，参演品牌／设计师非常多，密集的传播，彼此之间相互干扰，注意力分流，构成一种噪音。所以，也有很多品牌／设计师会选择非时装周的时间段，进行单独的演出。不论是订货会型，还是品牌发布型、艺术表演型，非时装周期间的演出同样需要事先通知观看者到场，如递送请柬、电话邀约确认。这样，在来宾的日程安排上，该场演出就占有一席之地，相比其他的事情，吸引了更多的注意，甚至提前使他们形成期待。至于促销型的演出，观众可能是卖场偶然路过的，事先并没有预期。但是通过这种现场演出的形式，增加了他们对于促销产品、品牌或店面的关注。

综合来看，从传播推广的功能来看，服装表演本身就是一种议程设置，它为后续的大众传播，媒体报道，提供了事件和由头。一场服装表演，如果能够很好地利用议程设置的原理，在天时、地利、人和多种有利因素的共同作用下，就能成为传播推广的引爆点，扩大传播范围，提升影响力，更有效率的达成推广目的。

三、服装表演与多级传播

服装表演的场内传播和场外传播，有如一场接力赛。在这场接力赛中，既有大众传播的功劳，又有人际传播的效应。场内场外，大众传播与人际传播交织在一起，构成了一个多级传播的反应链。

（一）多级传播与关键意见领袖

20 世纪 40 年代，传播学者拉扎斯菲尔德（Lazarsfeld）、贝雷尔森（Bernard）等人通过开展总统竞选调查，提出

"两级传播""意见领袖"（Opinion Leader）等理论。他们发现，大众传播的主要作用是同化、维护或催化，而不是轻易改变受众的原有态度。人际交流对传播效果有相当大的影响，媒介信息通过"意见领袖"的"过滤"和"加工"，到达与意见领袖有社会接触的个体。即"大众传播 → 意见领袖 → 受众"的传播链条，比直接的大众传播更具有说服力。

1971 年，罗杰斯（Rogers）等人将两级传播扩充为"N 级传播"，即多级传播。不论是两级传播还是多级传播，意见领袖都扮演着重要的角色。他们是那些最先或者较多接触大众媒介信息，并将自己再加工后的信息传播给其他人的一类人。他们具有影响和改变他人态度的能力，通常在社交场合较为活跃。

而比较起来，在时尚的传播过程中，意见领袖的作用，较一般的日用消费品，表现得更为明显。其中，最为突出的，就是时尚偶像现象。不论明星、博主还是时装编辑，高度的符号化和视觉辨识度是时尚偶像的基本特征。从传播的角度来看，时尚偶像就是多级传播中的意见领袖（KOL-Key Opinion Leader），他们的高曝光度（流量）能够快速提升人们的关注度，引发话题讨论。同时，他们的示范效应还能带动公众的模仿，通过感情的迁移，影响着公众的态度。所以，他们是时尚的引领者，也是时尚的传播者，在时尚衍变的过程中，起到了重要的作用。而时尚偶像本身也有代际更迭，新老交替，体现着时尚的多变与不断地发展进化。

（二）服装表演的多级传播

总体来看，服装表演作为一种现场演出，到场的观众数量始终是有限的。所以，要想扩大服装表演的传播范围和传播效果，必然要借助场内外的人际传播和大众传播，经历多级传播的过程。

1. 服装表演的大众传播

通常，除了订货会型的服装表演，观众以经销商为主，其他类型的演出，都会邀请媒体到场。这其实就是将大众传播引入到服装表演的传播过程中。当然，即使是订货会型的演出，一般也会有现场的影像记录，可能会发布在企业公众号等自有媒体平台，所以也会涉及大众传播。对于一场服装表演，大众传播主要发挥如下功能：

（1）复制信息多次传播：服装表演作为一种现场演出，它是稍纵即逝的。而通过摄影、视频等形式，可以将当时的情形记录下来。特别是秀场视频，虽然不可能

全面再现，但是从某种意义上，算得上是比较好的一种记录形式。这些现场资料，不仅能够保存，而且也是多次传播的素材。例如，很多品牌都会在店内循环播放当季新品发布会的视频。

尽管多数情况下，服装表演的场内观众也可以拍照录视频，但是从传播范围和素材质量来看，大众传播媒体是主要的信息源，他们拥有传播平台的优势，更专业、更高效。

（2）突破时空限制，扩大传播范围：服装表演在现场的传播，受到时间和空间的局限。而借助大众传播媒介，特别是在今天的技术条件下，通过电视、网络、移动互联网的直播／转播，可以让更多的人看到服装表演的现场，打破时空局限性。这方面，最具代表性的案例就是维密秀，覆盖全球数亿观众，有效地扩大了传播的范围和力度。

（3）强化既有认知和态度：按照传播理论，一场服装表演，不管是常规的演出还是颠覆性的创意，力图借助大众传播的力量，从根本上改变人们对品牌／设计师的固有态度，是不现实的。除非是新品牌、新元素、新概念，人们缺乏认知，尚未形成固定的态度，可以通过大众传播，来强化认知，促进形成积极印象。

（4）制造话题影响意见领袖：结合前面的议程设置理论，服装表演除了要借助大众传播，复制信息，扩大传播范围；还要通过议程设置，制造话题，引发后续的人际传播。好的传播不应随着演出的结束而终止，它应该在演出之后，掀起广泛的讨论，引起更多人的关注；并且通过影响意见领袖，推动态度的改变。

2. 服装表演的人际传播

如前所述，人际传播的主要功能，不是复制、传递信息，而是影响观念和态度。

（1）意见领袖：对于今天的时尚传播，意见领袖具有格外重要的作用。他们往往成为口碑营销的起点，不仅影响身边的人，还可能左右网络社群的评价导向。因此，现在的服装表演，除了邀请媒体到场，也会邀请一些时尚博主、网红等关键意见领袖，通过现场观看，影响他们对品牌／设计师的印象与评价。再透过他们，来影响更多的人。事实上，接受邀约的意见领袖，他们来到现场观看表演，算是一种主动的信息接触行为。特别是那些活动繁忙的意见领袖，能够到场观看，这本身就包含了一种肯定的态度。

（2）到场观众：过去的传播主要依靠传统意义上的把关人（Gate Keeper），即专业组织和专业人士制造信息，今天，在社交媒体时代，UGC（User Generate Content）成为一种趋势。每个人都可能成为内容生产者，

信息的传播已经从过去的一对多，转变为多对多，人们不再被动接受信息，而是主动参与，既消费内容，也创造内容。

（3）后续活动与群体影响：现在，很多品牌在发布会演出结束后，常常安排后续活动，如酒会、派对，按照传播的群体动力理论，这正是趁热打铁，促进人际传播的重要手段。以服装表演为话题，促动人际传播，推进讨论交流，不仅可以加快传播，扩大影响，而且有利于形成积极的倾向、态度。特别是在今天，传播的互动性大为增强，只有发动了人际传播，才能实现真正的大众传播。

（4）防范人际传播的负面影响：由于互联网时代消弭了传播者与受众的身份差异，使话语权从集中变为分散。不经意的个人传播，如博客、评论、私聊，甚至邮件、私信往来等，都有可能形成对服装表演发起方不利的负面影响。因此，要采取一定的措施，尽量让舆论在可控范围内，如规定相关人员，模特、化妆师不得事先透露演出信息，事后不得发表负面言论等。

综合来看，服装表演现场，相当于制造了传播的种子。它的传播范围、传播速度和传播效果，一方面，取决于意见领袖与到场观众，是否能形成有利于传播者的认知和态度；形成良好的"口碑"，进而向他人传播，与他人分享。另一方面，则取决于到场的媒体，是否为该场演出贡献了足够的曝光率，报道面；是否形成正向的评价；制造的话题，能否引发人们的关注和讨论，引起多次传播。这其中，大众传播的作用，主要是制造话题，充分发挥信息告知和议程设置的功能；而人际传播的作用，在于评价和讨论，进一步扩大传播的影响力，最终实现巨大的传播能量的释放。

第三节　服装表演的传播策划与公关组织

　　将服装表演视为一次传播战役，一场公关活动，这就涉及传播策划与公关活动的组织。这其中，既包含传播物料的准备，也包含媒介策划以及公关活动组织实施。

一、传播物料准备

　　英国南安普顿大学的媒介教育学家 A. 哈特（Andrew Hart）曾经把媒介分为三类：示现的媒介系统（Presentational）、再现的媒介系统（Representational）和机械 / 电子媒介系统（Mechanical / Electronic）。按照这样的分类来理解服装表演活动，表演现场是示现的；而现场之外，是再现的，特别是利用电子媒介系统进行再现。

（一）示现的传播物料

　　这类物料主要是在演出现场帮助传递信息，渲染气氛，它主要包括：

　　（1）视觉环境：服装表演是一种动态的演出活动，在传播时，它需要更为凝练的静态形式进行视觉传达。这其中，最具代表性的就是海报，不论是在预热阶段还是在演出现场，都发挥了重要的作用。这就如同电影宣传一样，虽然有预告片花，但是大范围的传播，还是会采用海报的形式。除了主视觉的海报，视觉传达的手段还可以有很多变化，如倒计时海报、以主视觉海报来进行现场的环境布置等。

　　（2）请柬和门票：对于服装表演的公关来说，一场秀的嘉宾、媒体邀请可谓重中之重。作为观众最先接触的元素，请柬和门票是服装表演给人留下的第一印象；影响了他们对演出的期待。尽管在今天，电子邀请函的形式日益多样化，它方便快捷，可以减少开销，但很多时装秀还是会选择以纸质 / 实物的形式来制作邀请函。一方面，制作精美，富于创意的纸质 / 实物邀请函通过快递或专人送到被邀请人那里，有一种非常正式且个人化、带有专属感的诚意，这是电子邀请函无法实现的。另一方面，通过纸张设计或创造性地运用一些特殊材质来制作邀请函，不仅展示了创意，给人耳目一新的感觉，也给邀请函带来一定的收藏价值。留存下来的请柬和门票，承载着人们对一场服装表演的回忆，它可能拥有很长久的生命力。

　　（3）视频：通常，视频和服装表演活动更紧密地联系在一起，它可能出现在开场或是演出当中，作为一种补充手段，能够丰富现场的讯息传递形式，为服装表演增加新鲜感，强化主题，加深印象。

（二）再现的传播物料

　　对于未能到现场观看的人来说，他们是通过再现的形式来"观看"、了解一场秀。通常，再现的传播物料包括：

　　（1）新闻稿：新闻稿是以文字的形式，对服装表演活动进行报道。通常会对活动的基本信息，如服装的风格主题、

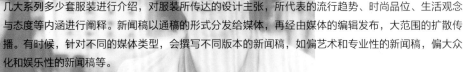

几大系列多少套服装进行介绍，对服装所传达的设计主张，所代表的流行趋势、时尚品位、生活观念与态度等内涵进行阐释。新闻稿以通稿的形式分发给媒体，再经由媒体的编辑发布，大范围的扩散传播。有时候，针对不同的媒体类型，会撰写不同版本的新闻稿，如偏艺术和专业性的新闻稿，偏大众化和娱乐性的新闻稿等。

此外，为了便于传播，新闻稿往往还会选择一些新闻点，进行重点突出。除了色彩面料、风格款式、廓型结构、装饰细节、鞋包首饰等设计层面的内容，一些服装表演本身的元素也可以作为新闻点。

（2）秀场图：这是利用摄影技术对秀场进行影像记录的一种形式，对服装表演的传播而言，可以说是至关重要的。一般来说，秀场图主要是每个 LOOK 的正面高清大图做主图，还会有一些其他机位的图片和细节图，如配饰、妆容图。图片一般由主办方特约摄影师、媒体的摄影记者、专业的摄影机构 / 图片社拍摄，在表演现场会为他们设置专门的区域，主机位要抢占最佳的摄影位置。而除了秀场图，后台、嘉宾及观众、秀场外围等花絮图也是重要的补充。像英国摄影师罗伯特·菲尔（Robert Fairer）就专门拍摄秀场后台，他已经陆续出版了几本秀场后台影集。

（3）秀场视频：这是运用视听手段对秀场的演出活动进行全方位记录的一种形式，通常有直播和录播两种形式。直播是实时记录现场，需要导播即时切换机位，对技术和转播条件的要求比较高。而录播有一定的缓冲时间，便于进行视频的剪辑，加入后台、嘉宾观众等花絮内容。相对摄影而言，视频的记录可以运用推拉摇移等摄影技术手段和视频剪辑等视听语言的特点，丰富秀场的内容，增加表现力，是很好的传播素材。

除了图、文、视频等形式的宣传物料，随着技术的不断进步，虚拟现实、互动小程序等新兴的物料将会陆续发展起来，其"再现"秀场的效果会越来越强。

二、媒介策划

在前面章节中，曾经对媒介的概念做过基本介绍。一般来说，一场服装表演，在秀场内，运用了多种媒介手段来进行信息的传递，但现场的空间、容量有限，其传播的覆盖面和影响范围非常小。所以，要借助秀场外的媒体，特别是大众媒体来扩大传播范围，提升实际的影响力。为此，很多服装表演的预算中，都留有媒体费用。不过，这笔费用数额有限，要想充分使其发挥作用，就要进行合理的规划。而媒介策划即是对媒体的分析评估与选择规划。

（一）媒体分析

好的媒介策划建立在媒体分析的基础上，依据传播目的和受众的媒介偏好来进行媒体选择。一般来说，就像模特有超 A、A 类、B 类、C 类的划分，媒体虽然没有统一的划分标准，但媒体和媒体之间，依然有很大的区别。因此，媒体分析，首先要从熟悉媒体的分类开始。

1. 按媒体形态来分类

媒体形态在很大程度上决定了传播的内容和形式。一般来说，报纸、杂志、广播、电视被誉为传统的四大媒体，其中，报纸、杂志又被称为印刷媒体或平面媒体；广播电视则被称为电波媒体。而网络媒体、社交媒体、移动互联网等新兴媒体则被称为新媒体。

（1）传统四大媒体：从服装表演的角度来看，现场拍摄图片的作用，对印刷媒体来说，尤其重要。从时效性来看，杂志的出版周期最长，往往要等两三个月才能发稿；而报纸的发稿速度较快，一般当天或转天就可见报，只是在印刷质量上，远远不及杂志特别是时尚杂志那么精美。

对于广播、电视媒体而言，它们主要传播视听形式的内容。其中，广播因为诉诸听觉，不太适合服装表演，最多就是相关人士参加广播的专访、谈话节目。而电视媒体是传播服装表演活动的主力。通常，主要的途径有两种：新闻报道和专题采访。

①新闻报道：是一种大众化的节目类型，通常能出现在新闻节目中的服装表演，要具备一定的新、奇、特元素。一般的秀，很难上到综合性的新闻节目中；而且通常不会让企业/品牌的标志和形象露脸。即使一场秀能够以新闻的形式出现，在综合性的新闻节目中，往往也只是消息或简讯；总体的曝光时间不会很长。而在一些时尚类栏目中，有可能对某场秀，进行比较深度的报道，或者在进行综述性报道的时候，用一些演出的片段，相对的曝光时间可以长一些。

②专题采访：专题节目是围绕一个题材，进行专项采访，以及全面深入报道的节目类型，通常的节目长度，都在 5 分钟以上，便于展开。它可以比较细致、立体的介绍一个人物（如设计师、经营管理者、时尚编导等）或是一个事件（如一场服装表演、品牌活动等）。通常专题节目事先会有一个比较详细的策划；制作的时候，有一定的叙事结构、情感线索，以使各种素材有机结合起来。一般来说，真正能够刻画人物，反映事件的，还是一些采访；但服装表演的视觉效果比较好，所以常常作为引子，在开始的时候进行集中展示；或是作为基本素材，穿插其间。专题节目有付费和免费两种，基本上都需要和节目制片人、主编或编导建立很好的合作关系。

除了新闻报道和专题采访，电视媒体与服装表演的传播推广，还有很多合作方式，如参与访谈节目、娱乐节目；参与大活动，如模特大赛、设计师大赛等。

（2）新媒体：随着新媒体技术的不断发展，互联网、移动互联网逐渐进入传播推广领域，成为崛起中的新型大众媒体。它们不仅具备报纸、杂志等平面媒体保存性强、信息量大的优势，又同时具备电波媒体直观生动，便捷迅速，冲击力和感染力强的特性。而且，它们基本不受版面空间和播出时间的限制，以量取胜，合作的机会更多；且选择性和互动性都很强，垂直社区网站与电子商务挂钩，还可以直接导向销售，所以普遍被业界看好。

具体来看，新媒体的合作的形式主要有图文报道、网络直播/现场视频、人物访谈等。图文报道和一般的平面媒体没什么本质区别，图片依旧是主角，台前幕后，报道的角度更多样化。同时，新媒体发稿快，一般活动当天，甚至最快秀结束几个小时之内就可以发稿。而且新媒体，特别是社交媒体具有非常强的互动性，如网友留言、评论、投票等，形式多样，效果喜人。

除了图文报道，网络直播/现场视频则是近年来兴起的一种传播方式，这方面需要一定的硬件和软件支持。而且采取这种形式，既要想法提高收视点击，事先预热造势，又要防止瞬间涌入的观众过多，造成掉线、当机的故障。除了这种形式，新媒体也可以像广播、电视那样，进行人物访谈，既可以在线视频，由主持人方面拟定提纲，彼此进行面对面交流；也可以和网友进行文字互动，在线回答他们的问题。

总体来看，新媒体发展迅猛，正日益成为服装表演传播报道的主力。不过，它也有自身的弱点和局限性，如海量信息，去中心化，众声喧哗，难免嘈杂；缺乏把关人和必要的规范，有时难辨是非真伪；没有版权意识，肆意转载，雷同信息泛滥；负面信息、恶意炒作成为传播的干扰和噪音。因此，在利用的过程中，要注意扬长避短。

2. 按媒体的专业性来分类

一般来说，与服装表演相关的媒体，可以分为行业媒体、消费类媒体、娱乐类媒体和一般大众媒体。

（1）行业媒体：如报纸方面有《中国服饰报》《服装时报》；杂志方面有《中国服饰》《服装设计师》《服装销售与市场》《国际流行公报》等，网络方面有 WGSN、中国时尚品牌网、efu、穿针引线等。它们主要面向业内，受众以纺织服装行业的专业人士为主，如纺织服装企业、上下游经销商或加盟商、设计师、院校、行业协会等。对于服装表演来说，行业媒体的报道更关注服装本身，而非表演，内容更有深度，专业性强，能够形成一定的行业影响力，也有利于企业、品牌和设计师建立行业人脉与口碑。

（2）消费类媒体：这类媒体的报道兼顾了服装和表演，很好地平衡了专业性与可读性。受众以爱好时尚的消费者为主，一般城市白领、时尚青年居多。比照行业媒体，它们更注重读者的偏好，追求市场效益，是传播和推广服装表演的主要力量。杂志方面，以服饰美容类，如 VOGUE、ELLE、Harper's bazaar 为主；网站方面，有 YOKA、海报等专业时尚网站，以及综合门户网站的下属频道，如腾讯时尚等。

（3）生活娱乐类媒体：这类媒体主要面向社会，受众以关心娱乐圈和实用生活信息的年轻人为主。由于服装表演活动常有明星到场，而一些大牌模特也涉猎娱乐圈，所

以这类媒体往往从娱乐性元素，如模特、后台，以及图片、视频等视觉层面入手。虽然这类媒体也能扩大服装表演活动的知名度，但容易流于八卦，还要防止跟负面新闻沾边。

（4）一般大众媒体：即综合性媒体，面向社会，受众群体最为广泛，从一般新闻角度对服装表演进行报道，传播范围广，对提升知名度和社会影响力有显著作用。

3. 按媒体的受众区隔来分类

首先，地域是区分媒体的重要因素，一般可将媒体分为全国性媒体、省级／区域性媒体和城市／地方性媒体。这其中，报纸、广播、电视按地域范围分级的特征尤其明显。而杂志基本上都是全国性媒体，因此主要靠受众的性别、年龄来区隔分类。如先按性别分为女性刊物和男性刊物，女性杂志再根据年龄来区隔，分为面向青春少女，服装模特群体，比较潮流的杂志，如《昕薇》《Coco》《米娜》《milk》；面向年轻女性，都市白领的，如《时尚》《瑞丽》《嘉人》；和面向成熟女性，如《时尚芭莎》《Elle》《Vogue》等。而男性杂志，也分为年轻男性，如《男人装》和成熟男性，如《时尚先生》《智族》等不同区隔。杂志的受众定位不同，从编辑风格到内容设置、封面设计、话题选择都会有很大差

异，要选择与企业、品牌、设计定位相契合的媒体。

此外，除了受众区隔，还可以根据媒体的影响力来划分级别，如一线媒体、二线媒体。像《Vogue》《时尚芭莎》《Elle》就属于顶级的时尚杂志，能在这样的媒体上曝光，不论是专题还是普通报道，都是非常难得的机会。

（二）媒体策划

一般来说，大型的服装表演活动，往往会委托专业的媒介公关公司，进行媒体策划和执行。其基本原则，主要有以下几点：

1. 确定推广主题，选取新闻点

新闻点既是传播的起点，也是媒体报道的重点，最终到受众那里，可以转化为看点、亮点和记忆点。因此，在进行媒体策划时，首先要确定推广主题，选取新闻点。它可以和服装表演的主题一致，也可以另辟蹊径，关键是要找到与众不同的地方。一般来说，新闻点的挖掘有如下几种方式：

（1）从发布会主题来延伸：通常，服装表演的主题偏重设计，比较艺术和抽象，不一定适合传播，推广主题可以根据发布会的特点，找一些适合传播的元素，常见的手法，是从与众不同的地方找突破口。当然，也可以在发布会主题的基础上，进行一些通俗化的演绎，使其易于传播。

（2）从设计理念、服装面料、工艺、风格等着眼：这种推广主题，适合专业媒体，主要面向圈内人，需要一定的专业水平来操作，否则不伦不类，反为笑柄。

（3）从设计师或企业、品牌本身来挖掘：最好带有一定的故事性，要避免过于商业化和过度吹捧。

（4）从制作演出方面寻找话题：有时候，服装作品未必有特别出彩的地方，但是表演的场地、舞台、模特或编导方面，有些亮点。从中选取推广主题，虽然不太适合专业媒体，但是对一般消费类媒体，乃至生活娱乐类媒体和综合性媒体的受众而言，比较有吸引力。而且，这些话题与服装表演的关系最为紧密，也可以从侧面来反映企业、品牌、设计师的理念与水平，有时候应用起来，效果反而比前面几种更好。

①表演场地：不同于一般的舞台表演拘泥于剧场，服装表演的场地，从798的大罐到北京饭店，从巍巍长城到茫茫大漠，选择空间非常大。作为发挥创意性的重要表现，场地本身也传达出一定的讯息，常常成为媒体宣传的新闻点。

②舞美设计：作为一种舞台表演形式，舞美也是服装

表演的重要表现策略，甚至有"舞美工程，重中之重"的说法。一方面，舞美灯光作为重要的视觉传达手段，可以增强整场演出的表现力。另一方面，创新的舞美设计，常常成为服装表演的传播点，比如路易威登将火车头搬进秀场，香奈儿的设计师卡尔·拉格斐（Karl Lagerfeld）像变魔术一样，把秀场变成超市、赌场、机场。比起模特在表演形式上的突破，秀场的舞美设计，创作空间更大，也具有更强的冲击力。

③模特的选择：在服装表演活动中，模特的选择也是一种传播策略。例如，1996年，意大利著名设计师克里琪亚在米兰的时装表演，选用了45名中国模特。这一前所未有的举动，令其备受瞩目。又如，前面提到的维密，它在模特的开发利用方面也非常值得称道，每年的天使选拔都是一大看点。可以说，一场秀，选了哪些模特，特别是，有哪些自带话题热度的模特参演；谁来开场，谁来压轴，这些都可以作为新闻稿的素材。可以说，模特不仅在演出过程中，帮助传达服装信息，而且在之前之后，都可能制造新闻点，如奚梦瑶摔倒事件，帮助引发更多的关注。

④模特的造型：模特的妆容、发型不仅在现场配合服装，完成整体造型，一些特殊的妆发，本身也可以作为二次传播的新闻点。

⑤表演方式：通常，服装表演的形式可以分为逐个表演、系列组合式、带节目的表演和舞台剧式的表演。不同的表演形式，各有侧重。比如最传统、最经典的逐个表演形式，能够使人们集中注意力，关注服装本身；而系列组合式有助于表现色彩和造型的变化。带节目的表演，增加了现场气氛，对服装和品牌内涵的表现，进行了有益的补充。而舞台剧式的表演，借助情境或场景的变化，打破了千篇一律的沉闷，增加了服装的角色感和表演的戏剧性。总体来看，不同的表演方式，基于不同的传播目的。而突破常规的表演方式，往往成为后续报道的新闻点，例如维密秀就非常擅长利用表演方式的变化，表演嘉宾的热度来增加曝光量。

⑥音乐：在服装表演中，音乐的基本功能是充当走秀的背景，增加表演的节奏感与韵律感。好的音乐编排与服装相得益彰，能够增强现场的表现力与感染力，渲染气氛，强化记忆。很多秀场音乐，会找专门的制作团队，所以，它也有可能成为一个传播点。

⑦看秀嘉宾：随着娱乐化大潮对时尚领域的渗透，服装表演也走出专业的小圈子，成为大众关注的领域，而看秀嘉宾自然就成为这类报道关注的重点。事实上，秀场前排原本

就是名利场的游戏，只是以往点到为止的看秀嘉宾名单，受到娱乐大潮的影响，现在被演绎出许多噱头和八卦。谁来看秀，穿搭如何？坐在哪里，与谁与不和……这些虽然转移了注意力，削弱了对服装表演本身的关注。但是另一方面，它也促成了更多普通大众对时尚事件的兴趣，使服装表演活动为更多的人所知晓。

此外，推广主题的制定，还可以参考流行趋势、社会热门话题、大赛奖项等。其制定的标准，是要贴合演出，足够独特，又要易于传播。一旦确定推广主题，后续的传播工作就有了统一的宣传口径，例如，可以围绕主题，撰写或长或短，适合不同媒体风格的新闻稿。

2. 选择适宜媒体，合理布局

媒体策划并不是参与的媒体越多越好，而是用有限的经费，请到适宜的媒体，能够有点有面，实现多媒体立体式传播。

（1）选取契合度比较高的媒体：如前所述，媒体本身有各种别类，服装表演要根据不同的传播推广目的，有所侧重，选取受众契合度比较高的媒体。如以招商为目的的服装表演，重点要放在专业媒体上；以作品发布为目的的服装表演，重点应放在时尚媒体上；以促销为目的的服装表演，重点是生活娱乐媒体以及一般大众媒体。同时，还要根据服装面向的不同消费者，选取性别、年龄、风格相吻合的媒体。

（2）高举高打，重点布局：在备选媒体中，重点关注那些级别高，有分量的媒体，高举高打，尽量发一些重磅稿件，形成传播点，扩大影响力。重点媒体代表了传播的高度，如上中央级的电视媒体平台；上一线时尚杂志的正文页；上全国性报纸的版面等。一般要安排这些媒体的记者与设计师、企业、品牌代表以及演出相关人员，进行比较细致的采访。

（3）大量复制，全面开花：除了重点媒体，还有很多二线媒体、地方性媒体，是用来铺面的。它们的作用，在于造势，所以对于数量的追求胜过了质量，可能媒体通稿，千篇一律，但是可以给人一种铺天盖地的感觉，既可以帮助拓展传播范围，又能制造一种热烈的气氛。所谓"火"起来了，没有面的铺陈，是不可能实现的。

（4）构筑立体交叉传播网：检视选择的媒体，是否包含了不同类型，如杂志、报纸、电视、互联网（广播的作用相对弱一些，但网络的力量不可忽略）；是否包含了不同级别……除了要把控住受众契合性，不要随意弥散化；其他方面要尽可能扩散，以实现点面结合，空中和地面配合，构筑立体交叉的传播网络。

（三）媒体策划方案执行

选定了媒体，进行合理布局之后，就要根据媒体策划的思路，制定具体的方案。通常，媒体策划方案包括以下几项内容：

（1）活动情况：如服装表演的主题、形式、时间、地点等。

（2）推广主题：几个新闻点，按重要性排序。

（3）前期宣传：重在预热和铺垫，一般要列清时间段、推广任务、推广目的、推广手段、推广媒体的基本规划。

（4）演出现场媒体对接：计划邀请的媒体清单（按媒体类别列出）、演出前的采访活动安排（拟进行重点采访的媒体清单、采访对象、采访提纲、采访形式、采访时间地点等）、演出期间进行摄影摄像活动的媒体清单、演出结束后的采访活动（是否安排新闻发布会、拟进行采访的媒体清单、采访对象、采访提纲、采访形式、采访时间地点等）。

（5）媒体报道：资料准备，新闻稿、图片、其他素材（如公司／品牌介绍、设计师的服装作品等）；发布落实（媒体联络、样刊样带收集等）；后续报道。

（6）媒体策划执行的时间和人员安排：从前期一直到后期，制定一个周密的时间表，列出各环节的对接团队与负责人，以及相关人员的联系方式。

最后，媒介方案中还应涉及效果评估，这既是一种反馈总结，也是一种经验积累。另外，还要强调一点，在实际执行过程中，肯定会有一些调整。因此媒介方案的执行，在人员、时间、经费上，既要保持原则性，不偏离大方向；同时又要做好预案和备选，保持一定的弹性，增加实际执行的应变灵活性。

三、公关活动的组织实施

公关环节主要涉及嘉宾邀约、媒体邀请、现场接待、秀后活动、新闻发稿等内容。

正如学者波利·古瑞（Poly Guri）在谈到时装秀时所指出的那样"秀的选址、邀请，编排，模特，发型和化妆，都必须呈现一个统一的形象……"公关环节充分体现出服装表演不只是 T 台秀，它的本质是一场传播推广战役。

（一）嘉宾邀请与接待

在前面提到过，邀请函是重要的视觉传播形式，通常嘉宾会收到实物邀请函和电子邀请函。一方面，它的设计应该与整场秀的视觉、调性保持一致，让观众产生期待。另一方面，落实嘉宾的出席情况，排座位都是琐碎又重要的事情。

按国外公关人士的分析，"在已发送的邀请函中，约有 70% 是可以忽略不计的。在 30% 已经做了回应的人中，约有三分之一可能不会到场"。所以，嘉宾邀约工作应通过细致的排位计划来保证良好的出席率以及就座后的热烈气氛。负责这部分工作的人员要以电话或电子邮件等形式持续跟进，反复确认，在秀开始前，还应进行提醒。

除了嘉宾邀约，接待工作还有很多细节；如嘉宾引导、礼品和宣传品的准备、发放（通常在签到处领取，或是放置在指定的座位上）。

（二）媒体邀约及接待

过去，关于服装秀的传播主要依赖于时尚媒体，特别是时尚杂志；而今天，任何出席秀的人都可以分享关于秀的信息、图像以及他们的评论，这正是社交媒体的作用。与嘉宾的邀请接待不同，媒体是传播者，他们不仅记录一场服装秀，也左右着对设计的评价，推动产品落地。

（三）扩展活动

一般来说，公关活动除了服装表演的重头大戏还可以扩展至事前的新闻发布会、事后的酒会和派对、静态展示等；它们借助不同的表现手段，增加了品牌和设计师的曝光量，丰富了传播的形式。

正所谓"工欲善其事，必先利其器"，在服装表演的传播推广中，善用媒介，可以放大传播效果；做好公关，则可以确保活动的顺畅进行，因此，传播与公关，缺一不可。

词汇表 Words List

Part 1　模特相关 About Modeling

1. 超模　supermodel
2. 名人　celebrity
3. 形象　image
4. 拍摄　shooting / filming
5. 模特卡　composite cards
6. 模特用的照片夹（v. 订模特）book
7. 照片　picture
8. 印刷品　print
9. 平面拍摄（尤指杂志内文拍摄）工作　printing works
10. 试镜　test
11. 广告　advertising / advertisement
12. 商业拍摄工作（如广告、海报、商品目录等）commercial works
13. 目录　catalog

Part 2　服装表演相关活动 About the Show

1. 天桥 T 台　runway
2. 走台　catwalk
3. 演出　show / 时装表演　fashion show
4. 晚会　gala show（节日；庆祝；盛会 gala）
5. 试装　fitting / 开放式试装　open fitting
6. 面试　casting / 开放式面试　open casting
7. 编导　choreography
8. 分组　grouping
9. 排序　lineup
10. 系列　sequence
11. 主题　theme
12. 排练　rehearsal
13. 穿服装彩排　dressing rehearsal /
    预演（包括所有技术工种在内的带妆穿服装彩排）
    full dressing rehearsal
14. 化妆　make up

15. 剪发　hair cut
16. 模特走的路线　routing
17. 准备　stand by /
    10 分钟准备　10 minutes stand by
18. 继续往前走　keep going
19. 造型　posture / pose
20. 向右转　turn right / 向左转　turn left /
    转回去　turn back
21. 往回走　go back / 回到后台　go to backstage
22. 逐个　one by one
23. 慢点　slowly / 慢下来　slow down
24. 快点　quickly / 再快点　faster
25. 关灯　turn off the lights / 开灯　turn on the lights
26. 全部黑掉　black out
27. 聚会　party / 鸡尾酒会　cocktail party /
    秀后聚会　after party
28. 采访　interview
29. 休息　break / 休息时间　break time
30. 节奏（声音的）抑扬顿挫，韵律，调子　cadence
31. 音乐　music / 灯光　light
32. 签到　check in
33. 进场　walk in / 观众进场音乐　walk in music /
    观众进场灯光　walk in lights
34. 早餐　breakfast / 午餐　lunch / 晚餐　dinner /
    喝水　drink

Part 3　有关人员 About the Staff

1. 客户　client
2. 经纪公司　agency / 经纪人　agent
3. 公关公司　PR agency
4. 投资方，赞助（商），发起（人），主办（方），
   捐资，倡议　sponsor
5. 生产商，制造商　manufacturer
6. 设计师　designer
7. 摄影师　photographer / cameraman

8. 编导 director

9. 制作公司 production house

10. 造型师 stylist

11. 发型师 hairdresser / hair artist

12. 观众 audience

13. 制作人 producer

14. 后台管理人员 backstage manager

15. 陪同（一般指模特大赛中模特的管理者，原指在社交场所陪伴未婚少女的年长女伴，监护人）chaperone

16. 催场员 stagehand / cuer / runner

17. 换衣工 / 模特助理 dresser

18. 助手，助理 assistant

19. 记者 reporter / journalist / press

20. 媒体 media / 媒介 medium

21. 化妆师 makeup artist

22. 发型师 hair stylist

23. 评委 judge / jury

24. 贵宾、重要人物 VIP（Very Important Person）

25. 主持人 MC /（司仪，节目主持人）host（Master of Ceremonies）

26. 演员 performer

Part 4　设施、设备 Facilities & Equipments

1. 播放机 CD player CD（CD：Compact Disc）

2. 播放机 MD player MD（MD：Mini Disc 迷笛 MIDI：Musical Instrument Digital Interface）MD：Managing Director

3. 有线对讲机 intercom

4. 无线对讲机 walkie-talkie

5. 控制台 control panel

6. 架子 truss

7. 龙门架 rack / 带轮子的龙门架 wheel rack

8. 小衣架 hunger

9. 照相机 camera / 数码照相机 digital camera

10. 摄像机 video camera

11. 立体熨烫机 steamer

12. 熨斗 iron / 电熨斗 electric iron

13. 背板 backdrop

14. 大型活动用的工作证 working pass

15. 服装 cloth / clothing / garment / apparel / 一套服装 outfit

16. 系列时装 collection / lines

17. 全套服装（尤指女装）ensemble

18. 配饰品 accessories

19. 职业装 career / business clothing

20. 晚装 cocktail / evening clothing

21. 婚纱 bridal / wedding dress

22. 特殊场合服装（如礼服）special occasion clothing

23. 休闲装 play / casual / leisure clothing

24. 运动装 active / sport clothing / sportswear

25. 泳装 swim wear / bathing suit

26. 内衣 Underwear / lingerie

27. 西装 suit

28. 燕尾服 tuxedo

29. 领带 tie

30. 皮带 belt

31. 太阳镜 sunglasses

32. 扣子 button

33. 衬衫 shirt

34. T 恤衫 T-shirt

35. 外套上衣 jacket

36. 裤子 trousers

37. 鞋 shoes

38. 丁字裤 T-back

39. 袜子 socks

40. 长丝袜 stocking

41. 高跟鞋 high-heel shoe

42. 运动鞋 sneaker

43. 镜子 mirror
44. 吹风机 hair drier
45. 唇膏 lipstick
46. 粉扑 powder puff
47. 护照 passport
48. 签证 visa
49. 飞机票 air-ticket

Part 5　常用地点 Place

1. 摄影棚 studio
2. 剧场 theater
3. 舞台 stage
4. 后台 backstage
5. 展示厅，表演厅 show room
6. 试装室 fitting room
7. 洗手间 restroom
8. 厕所 toilet（WC water closet）
9. 厕所 bathroom
10. 酒店 hotel
11. 医院 hospital
12. 展览厅 exhibition hall
13. 飞机场 airport
14. 餐厅 restaurant
15. 咖啡厅 coffee shop
16. 大堂 lobby
17. 大堂的咖啡厅 lobby bar
18. 换衣间 dressing room
19. 化妆室 make up room
20. 台阶 stairs
21. 台阶的一阶 step
22. 游泳池 swimming pool
23. 健身房 gym
24. 会议室 meeting room
25. 多功能厅 function room
26. 宴会厅 ballroom

27. 媒体办公室 press office
28. 中心办公室 central office

Part 6　常用词汇 Basic Words

1. 产业，行业 industry
2. 生意，商务，行业，事业 business
3. 职业 profession / career；专业的 professional
4. 个人的 personal；个性，性格 personality；
   人员 personnel
5. 上演，展现，出席，目前，礼物
   present / presentation
6. 创造 / 充满创意的 / 创造力 / 创造
   create / creative / creativity / creation
7. 机会 opportunity
8. 类型 type
9. 事件 event
10. 公司缩写为 Co. cooperation
11. 购买 purchase
12. 促销 promotion / sales promotion
13. 特别的 particular
14. 考虑 consider；考虑周到的 considerate
15. 执行 "CEO" / 首席执行官 execute /execution
16. 参与，卷入，包含 involve
17. 定义，描述 define / 确定，一定 definite /
    清晰的，轮廓分明的 defined
18. 分类，类别 category
19. 正式 formal / 不正式 informal
20. 传统的，习惯的，常见的 conventional
21. 组织 organize / organization
22. 出现，演出，外观，表面 appearance
23. 元素，基础，要素 element /
    基础的，初步的 elemental
24. 必须的 necessary / necessarily
25. 首要的，原本的，初级的 primary / primarily
26. 需要，要求 require / requirement

27. 习俗，习惯 custom / 习惯上，通常 customarily / 顾客 customer

28. 最少 minimum / 最多 maximum

29. 微，小 micro / 宏，大量 macro

30. 流行，受欢迎，大众的 popular / popularity

31. 识别，辨认 identify / identifiable；身份认同 identification

32. 变化 vary；多种多样的 various；变化 variation

33. 富于戏剧性的 dramatic

34. 光鲜的，荣耀的 glamour

35. 兴奋 excite / excitement / exciting

36. 包含 include / including

致谢

吴琪
毕业于中国传媒大学，获博士学位，现任北京服装学院时尚传播学院副教授，研究领域为时尚传播与品牌、时尚媒体与公关、服装社会心理学。

刘筱君
毕业于北京服装学院，获硕士学位，现任北京服装学院服装表演专业教师，Stage One时尚制作人，中国知名时尚编导。专注于时尚编导制作、文化经纪人管理等领域的研究和实践。

李霄雪
毕业于北京服装学院服装表演专业，国际知名职业时装模特，现为由中国超模路畅创立的中国唯一一支由超模组成的明星私教团队能量健身超模私教团队，是众多一线明星及超模的私人健身教练。

向冰
北京服装学院时尚传播学院服装表演专业副教授，专注于服装表演专业的舞蹈训练及影视表演基础的研究。

高中光
曾任北京服装学院表演专业教师，专注于音乐方面的研究。